工业废渣
在水泥生产中的应用

肖忠明　王　昕　主编

中国建材工业出版社

图书在版编目（CIP）数据

工业废渣在水泥生产中的应用/肖忠明，王昕主编．

北京：中国建材工业出版社，2009.11（2016.8 重印）

ISBN 978-7-80227-634-5

Ⅰ．工… Ⅱ．①肖…②王… Ⅲ．工业废物：废渣－应用－水泥－生产工艺 Ⅳ．TQ172.6

中国版本图书馆 CIP 数据核字（2009）第 195196 号

内 容 简 介

本书综合文献资料和试验研究结果，对我国工业废渣资源情况、水泥行业利用工业废渣概况、混合材料的分类、混合材料对水泥性能作用机理进行了综述；就已在水泥行业利用和可能在水泥行业利用的工业废渣的概况以及这些废渣对水泥性能的影响规律进行了分别介绍；综述了建材行业利用工业废渣的技术状况和途径；同时以附录的形式介绍了我国工业废渣综合利用目录、资源综合利用企业所得税优惠目录、部分工业废渣利用技术专利以及水泥混合材料测定的相关问题及检测方法。

本书可供从事水泥、混凝土生产、研究的工程技术人员参考。

工业废渣在水泥生产中的应用

肖忠明　王　昕　主编

出版发行：中国建材工业出版社

地　　址：北京市海淀区三里河路 1 号

邮　　编：100044

经　　销：全国各地新华书店

印　　刷：北京鑫正大印刷有限公司

开　　本：787mm×1092mm　1/16

印　　张：13.25

字　　数：324 千字

版　　次：2009 年 11 月第 1 版

印　　次：2016 年 8 月第 3 次

书　　号：ISBN 978-7-80227-634-5

定　　价：43.00 元

本社网址：www.jccbs.com.cn

本书如出现印装质量问题，由我社发行部负责调换。联系电话：(010) 88386906

编委会名单

主　　编：肖忠明　王　昕

参编人员：霍春明　宋立春　席劲松　郭俊萍

顾　　问：王文义　颜碧兰

审　　校：王文义

序

随着现代科学技术的发展和人们物质文化水平的提高，自然资源已经远远不能满足需要。同时，人类的生活环境面临巨大的挑战：温室气体的大量排放和臭氧层的损坏引起的气候异常变化；天然资源的大量开采造成环境破坏和资源短缺；工业废弃物的大量排放造成大气、河流和陆地的污染，这一系列的问题已经威胁到人类文明生活的可持续发展。

节能减排，发展循环经济，也是我国国民经济发展的基本指导方针。各工业部门都应遵循这个方针，解决可持续发展的问题。水泥和混凝土是各种建筑物的基本材料，是国家建设美好家园不可缺少的材料之一。水泥工业的可持续发展也必须符合节能减排的基本方针。

水泥是由熟料、混合材料和少量石膏组成的。生产 1t 熟料需要开采约 1t 石灰石资源，消耗煤炭约 0.14t，向大气排出 CO_2 约 1t。混合材料主要使用的是各种工业废渣，如矿渣、磷渣、钢渣、粉煤灰、炉渣等。2008 年我国水泥产量达 13.5 亿吨以上，熟料用量约为 8.9 亿吨，混合材料用量约 4 亿吨。依此我们可以大体上算出，2008 年水泥生产消耗了石灰石 8.9 亿吨，消耗了煤炭 1.25 亿吨，向天空排出了 $CO_2$8.9 亿吨，给环境造成了巨大的负担。但同时，水泥生产消纳了 4 亿吨工业废渣，给环境又减轻了巨大压力。由此可以表明，水泥工业可持续发展战略是，少用熟料，多用工业废渣，生产优质水泥。

少用熟料，多用工业废渣，能否生产出优质水泥呢？

这个问题的答案是肯定的，但是也是有条件的。大量科学研究和水泥生产、使用实践表明，采用 30% 左右的熟料和 70% 左右的混合材料与石膏，能够稳定生产高质量水泥（即高性能水泥）。为此，水泥生产至少应具备两个条件：一是熟料和混合材料分别粉磨，使熟料粒度分布和混合材料粒度分布合理，实现水泥颗粒级配的优化；二是混合材料的复掺，实现不同物理化学性质的混合材料优缺点互补。

我国现行六大通用硅酸盐水泥允许使用的混合材料是矿渣（或矿粉）、粉煤灰、火山灰质混合材料（如炉渣、煤矸石等）、石灰石、砂岩和窑灰。钢渣硅酸盐水泥允许使用的混合材料主要是钢渣，磷渣硅酸盐水泥允许使用的混合材料主要是磷渣。除现行水泥标准允许使用的工业废渣外，我国冶金、化工等行业还排出许多废渣，如铬渣、钛渣、铁合金渣、镍渣、镁渣、赤泥等，这些废渣能否用作水泥混合材料，使用这些废渣对水泥性能有什么影响，如何限制某些有害因素等，本书作了详细分析和论述。

各种工业废渣用作水泥混合材料是消纳工业废渣的最有效途径，因此在节能减排、发展循环经济的新形势下，出版此书具有重大意义。

2009 年 10 月

前　言

　　我国是一个能源、资源大国，随着经济的发展，在充分利用资源、能源的同时也留下了大量的工业废渣，占用土地、污染环境。

　　水泥行业是一个消纳工业废渣的大户。水泥行业充分利用工业废渣，不但能降低水泥生产成本，提高水泥产量，而且能减少工业废渣对环境的负荷，同时能改善水泥的性能，调节水泥强度，具有巨大的社会和经济效益。

　　为了了解、掌握我国工业废渣资源以及其对水泥性能的影响，2007 年国家质量监督检验检疫总局下达了质检公益性行业科研专项项目《可用于水泥中的重要工业废渣技术标准的研究》，对我国的工业废渣资源及其对水泥性能的影响进行全面、系统的研究。在此基础上，编者汇集了中国建筑材料科学研究总院及国内对各种工业废渣用作水泥混合材料的大量试验研究数据，对我国水泥行业利用工业废渣的概况、水泥混合材料分类、混合材料的作用机理以及对已用于、可能用于和不能用于水泥混合材料的工业废渣作了一一论述和介绍，望在水泥行业对工业废渣的利用有所裨益。

　　由于水平有限，文中有不妥之处请指正。文中各种工业废渣对水泥性能的影响，由于样品数量少，以及试验误差等原因，仅代表试验用样品。各种工业废渣对水泥性能影响结果，仅供参考。

　　在质检公益性行业科研专项项目《可用于水泥中的重要工业废渣技术标准的研究》开展过程中，得到了抚顺水泥股份有限公司、广西柳州鱼峰水泥股份有限公司、河北天塔山建材有限责任公司、河南红旗渠建设集团有限公司、河南焦作坚固水泥有限公司、锦州铁合金工商实业公司、南京云海特种金属股份有限公司、唐山冀东水泥股份有限公司、新疆天山水泥股份有限公司、云南省建材科学研究设计院以及有关领导、专家的大力支持和协助，特此鸣谢。

编　者

2009 年 10 月

目　　录

第一章　水泥混合材料利用是工业废渣资源化的有效途径

第一节　我国水泥行业利用工业废渣的概况

按照目前的技术水平和水泥需求发展，我国的水泥行业必然面临资源、能源和环境问题的严峻挑战，将给整个社会的可持续发展带来极不利的影响。

水泥是以 CaO、SiO_2、Al_2O_3 和 Fe_2O_3 为主要化学组成的原材料煅烧而成的人工材料，同时是以活性 CaO、SiO_2、Al_2O_3 和 Fe_2O_3 的水化反应实现其胶凝作用。因此，从理论上讲，凡是可以提供水泥组分所需 CaO、SiO_2、Al_2O_3 和 Fe_2O_3 等氧化物的物料均可用于水泥生产。

水泥工业可以消纳大量的工业废渣，既可用作水泥熟料的原燃料，也可用作水泥混合材，同时其固体废弃物排放量为负值，这是水泥生产对环境改善的最突出特点。因此，利用工业固体废渣作为代用原料、替代燃料及混合材生产水泥，既处置了废料，又节约了资源和能源，对水泥工业的可持续发展具有深远意义。

由于环保和循环利用工业废渣的双重目的，工业废渣的利用得到了各国政府的高度重视。利用工业废渣的新技术、新设备、新方法、新政策相继问世，特别是水泥工业烘干、均化、粉磨装备、粉磨工艺和基础理论的发展，为大量利用工业废渣奠定了基础。

水泥行业利用工业废渣的主要途径为：

（1）水泥混合材料：工业废渣用作水泥混合材料是最有效利用的途径。

（2）水泥调凝剂：用作水泥调凝剂的工业废渣主要是由气硬性的石膏系列工业废渣组成，如磷石膏、氟石膏、盐田石膏、环保石膏等。这些石膏通过改性后，可全部或部分代替天然石膏。

（3）水泥混凝土矿物掺合料：可以用作水泥混合材料的工业废渣，都可做水泥混凝土矿物掺合料，以改善水泥混凝土的使用性能和耐久性能，这已成为当代商品混凝土、大体积混凝土、高性能混凝土不可或缺的组分之一。

（4）水泥原燃料：可燃性的工业废渣，如汽车轮胎、废油、废有机物等可以用作水泥熟料烧成的燃料。含有硅、铝、铁、钙等元素的城市建筑垃圾等可用作水泥的部分原料。同时，由于某些工业废渣中存在的有色金属、稀土元素等是水泥熟料烧成的矿化剂和 β-C_2S 的稳定剂，已广泛用于水泥熟料烧成的校正原料。

我国水泥行业利用工业废渣的情况以及与国际先进国家的比较见表1-1。

我国一直进行工业废渣生产水泥的研究和实践，在开发利用工业废渣方面取得了很大成就。

表 1-1　我国水泥行业利用工业废渣的情况以及与国际先进国家的比较

| 国别 | 年份 | 水泥产量（万 t） | 废渣产量（万 t） | 利用量（万 t） | 水泥工业综合利用量 | | | | | |
| | | | | | 二次原料 | | 混合材 | | 二次燃料 | |
					总量（万 t）	吨水泥用量（kg/t）	总量（万 t）	吨水泥用量（kg/t）	总量（万 t）	吨水泥用量（kg/t）
中国	2003	86300	100428	56040	6000	70	23500	275	10	0.01
德国	2001	3000	18000	6000	420	140	480	160	127	43
日本	2001	7910	45000	17000	2056	260	712	90	48	6
美国	2003	8650	62000	9700	430	50	520	60	96	11

　　对于工业废渣用作水泥混合材料方面，我国一直处于世界领先水平。1949 年新中国成立后，我国面临着百业待兴的局面，需要进行大量的基础建设工作。而当时的水泥行业却技术落后，产量低下，不能满足我国基础建设的需要。为了解决此矛盾，我国着手研究和使用混合材料。我国于 1952 年提出了以原苏联水泥产品标准为蓝本的三大水泥标准——普通硅酸盐水泥、火山灰质硅酸盐水泥、矿渣硅酸盐水泥标准，它们都是掺加部分或大量混合材料的水泥，开创了我国水泥掺加混合材料的历史，大大促进了我国水泥生产的发展和产量的提高，有效地满足了建国初期基本建设的急需，到 1955 年我国水泥产量增加到 450 万 t，1960 年达到 1565 万 t。水泥中掺加不同品种、不同数量的混合材料，奠定了我国通用水泥多品种、多"标号"的基本结构，从增产、节约两个方面缓解了我国水泥的长期供需矛盾，为我国的社会主义建设作出了重大的贡献，同时实践也证明在水泥中掺用混合材是水泥行业发展的方向。

　　五十多年来我国通用水泥品种中的标号（现强度等级）、混合材品种掺量、技术要求和验收规则都随着国家的需要和新的研究成果进行了不同程度的调整。如矿渣硅酸盐水泥中的混合材品种和掺量，1952 年标准规定为矿渣 15%～85%；1962 年标准改为混合材掺量 20%～85%，并允许用不超过混合材总量 15% 的火山灰质混合材料代替；1977 年为保持矿渣水泥性能的一致性，将混合材掺量修订为 20%～70%；1985 年修订时，基于我国小水泥大量发展、在生产中要用矿渣来改善安定性，造成矿渣供应非常紧张的状况和中国建筑材料科学研究总院当时对石灰石、窑灰的研究新成果，标准中允许用不超过 10% 的石灰石或 8% 的回转窑窑灰代替矿渣。现行标准为 GB 175—2008，规定矿渣水泥的混合材用量与 1985 年版相同，但将矿渣水泥分为 A、B 两型。矿渣水泥 A 的矿渣掺量为 20%～50%，B 的矿渣掺量为 50%～70%。另允许用不超过 8% 的石灰石或不超过 5% 的窑灰代替矿渣。同时，为了保证水泥的质量和人民生命财产的安全，我国相继研究、制定了《用于水泥和混凝土中的粒化高炉矿渣》、《用于水泥和混凝土中的火山灰质材料》、《用于水泥和混凝土中的粉煤灰》、《用于水泥和混凝土中的粒化高炉钛矿渣》、《用于水泥和混凝土中的粒化电炉磷渣》等国家和行业标准，形成了较为完善的原材料标准体系。

　　现作为水泥混合材料的主要工业废渣有高炉粒化矿渣、粉煤灰、煤矸石、钢渣等，全国的利用水平占水泥产量的 30% 左右。

第二节　混合材料在水泥生产中的作用

水泥工业利用工业废渣作混合材料，具有巨大的经济、环保、技术效益。

硅酸盐水泥主要由硅酸盐水泥熟料组成。而硅酸盐水泥熟料的生产是一个高资源、能源消耗，同时又产生大量有害气体的工艺过程。

在水泥熟料生产过程中，每生产 1t 水泥熟料，约消耗标准煤 120kg，约消耗石灰石 1t，约消耗黏土 0.3t；而同时排出二氧化碳 1t、二氧化硫 2kg、氮氧化合物 4kg。按我国目前的水泥熟料产量 8.9 亿 t 计，需要消耗标准煤 1.07 亿 t，约消耗石灰石 8.9 亿 t，约消耗黏土 2.67 亿 t，排出二氧化碳 8.9 亿 t、二氧化硫 178 万 t、氮氧化合物 0.356 万 t，对资源、能源和环境造成巨大压力。二氧化碳过多，将使地球产生温室效应，二氧化硫、氮氧化合物是有害人体健康的气体，也是酸雨形成的重要原因。

水泥生产过程就是通过高温煅烧，使惰性的 CaO、SiO_2、Al_2O_3、Fe_2O_3 变为活性物质，能够进行水化，形成具有胶结能力的水化产物。而多数的工业废渣经过高温处理，经历了脱水过程，其中的高岭土脱水转变为高活性的无定形偏高岭土（如人工火山灰质材料中的烧煤矸石、烧黏土、流化床煤灰等）；经历 1200℃ 以上的高温作用，在工业废渣中形成了与水泥熟料矿物相似的铝硅酸盐相（如粉煤灰、大部分冶金渣），甚至有的出现了 C_2S 矿相（如矿渣、赤泥、镁渣等），而钢渣中甚至有少量的 C_3S 存在。工业废渣的这些性质，决定了其在水泥中利用的可能和巨大潜力。

硅酸盐水泥作为传统材料存在了 100 多年还方兴未艾，是由于硅酸盐水化产物的稳定性。但由于 $Ca(OH)_2$、钙矾石等水化产物的存在，硅酸盐水泥的抗侵蚀性能、干缩性能等都需要采取措施进行调节或改善。同时在商品混凝土发展的今天，由于对施工性能要求的提高，还需要对水泥施工性能进行调节。根据历来的研究表明，在水泥性能调节措施中最经济、最有效的方法就是使用混合材来调节水泥的性能，如使用火山灰质混合材可提高水泥的抗渗性和抗淡水溶析性能，使用矿渣可提高水泥的耐热性、抗冻性、与减水剂的适应性等，利用材料的易磨性不同调节水泥的颗粒组成，改善水泥的工作性。

根据现代的高性能混凝土的研究结果表明，细磨混合材料（矿物掺合料）是制备、生产高性能混凝土的最有效措施之一。

我国从 20 世纪 50 年代就开始利用工业废渣作为水泥的混合材料，无论在生产实践还是在科学研究方面均处于世界领先地位。根据多年的研究和实践，在水泥中使用工业废渣作为混合材料，概括起来可以取得如下的作用和效果：

（1）大量利用工业废渣，可大量节约资源和能源，降低有害气体和粉尘的排放，实现水泥工业的节能、减排。如果水泥不使用混合材料，随之而来的是自然资源能源的耗竭，环境污染的加重。

2008 年，我国水泥产量 13.5 亿 t，其中水泥熟料的生产量约 8.9 亿 t，混合材料用量约 4 亿 t，石膏约为 0.67 亿 t，水泥中混合材料代替熟料量约 30%。若提高水泥中的混合材料（工业废渣）使用量 10%，则我国每年消纳的工业废渣就可以多 0.89 亿 t，占我国每年排放工业废渣的 7% 左右。而节约石灰石资源 0.89 亿 t，节约煤炭 0.15 多亿吨，少向大气排放有害气体 0.89 多亿吨。可见，大量利用工业废渣对节能降耗，降低有害气体和粉尘排放，潜力巨大、效益显著。同时，水泥工业所消纳掉的工业废渣减少了对环境的污染、以及占地的费用。

（2）增加水泥产量，降低水泥生产成本。众所周知，使用混合材料能增加水泥产量，降低水泥生产成本。这是目前我国普通硅酸盐水泥生产量少，而其他掺加混合材料水泥生产量多的主要原因。按目前的熟料销售价格（约250元/t）和工业废渣到厂的成本（平均约70元/t）计算，每用1%的混合材料，可以降低水泥生产成本1.8元。按目前我国水泥混合材料的平均水平30%计算，每吨水泥降低的成本在54元左右。

（3）改善水泥性能，生产不同品种水泥。根据混合材料对水泥性能的影响，生产不同品种的水泥，用于各种工程建设。我国水泥的分类就是通过性能来划分的。这种性能的区分主要通过混合材料的品种和掺量来实现。也就是说，混合材料品种和掺量是界定水泥品种的前提。由于各品种水泥性能上的差异，也为工程设计选择不同水泥品种提供了依据。

（4）调节水泥强度等级，合理使用水泥。由于混凝土用途的不同，其强度要求不同。如果生产低强度等级混凝土使用高强度等级的水泥，则造成能源、资源的浪费。量体裁衣，合理使用水泥，是水泥强度等级设立的最终目的。而实现水泥强度等级的调节，使用混合材料是最经济、环保的方式。

第三节　我国工业废渣资源

据中国环境公报统计，1995年固体工业废渣累计堆积达66.41亿t，占地5.5万公顷，每年固体工业废渣的排放量达6亿t以上。1995年固体工业废渣产生64474万t，排前五位的分别是尾矿18957万t，煤矸石11786万t，粉煤灰11677万t，炉渣7893万t，冶炼废渣7091万t，5种合计57404万t，占总量的89.03%。

在我国经济发展、技术进步的同时，我国在矿山开采、金属冶炼、燃煤发电、化工生产上取得了巨大进步和发展，但同时在工业发展过程中也排出了大量的工业废渣。并呈逐年递增的趋势，如图1-1所示，2004年已达12亿t[1]。

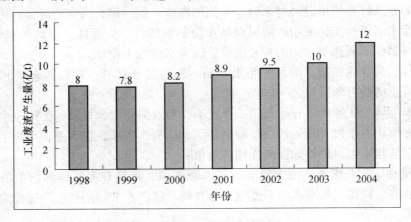

图1-1　我国工业废渣产生量[1]

根据工业废渣产生行业，可以将工业废渣分为燃烧废渣、冶金废渣（包括钢铁废渣、有色金属渣、合金废渣等）、采矿废渣和化工废渣。

（1）燃烧废渣以粉煤灰为主，还有部分炉渣；

（2）冶金废渣包括高炉粒化矿渣、钢渣、铁合金渣、硅灰和有色冶金废渣等；

（3）采矿废渣以煤矸石、尾矿为主；

（4）化工渣包括工业副产石膏、电石渣、铬渣、硫酸铝渣等。

我国近年 GDP、火力装机容量、火力发电量、供热量、煤炭消耗量及粉煤灰排放量统计和未来粉煤灰排放量预测见表 1-2[2] 和表 1-3[2]。我国典型化工废渣的组成与产量见表 1-4[3]。

表 1-2　中国近年 GDP、火力装机容量、火力发电量、供热量、煤炭消耗量及粉煤灰排放量统计[2]

年份	GDP（亿元）	装机容量（×10⁴kW）	发电量（×10⁸kW·h）	供热量（×10⁶kJ）	煤炭消耗量（×10⁴t）		粉煤灰排放量（×10⁴t）	粉煤灰利用率（%）	粉煤灰堆存量（×10⁴t）
					发电耗煤	供热耗煤			
1994	46759	14873	7470	80978	39291	4226	12094	44.30	
1995	58478	16241	8074	86422	43000	4660	18179	47.89	
1996	67884	17886	8778	94759	47046	5162	12558	43.45	25343
1997	74772	19241	9252	95067	48123	5219	12520	59.10	
1998	79553	20988	9388	103599	47089	5563	11502	59.10	36126
1999	82054	11343	10047	108907	48186	5689	11536	65.64	400901
2000	89404	23754	11079	120434	52810	6382	12653	66.28	44356
2001	95933	25301	12045	128744	57637	6924	14121	67.81	48901
2002	102398	26555	13522	13522	65595	7690	15722	68.31	53883
2003	116694	29000	15800	17529	59208			69.62	

注：GDP 数值来自有关部门统计；装机容量和发电量、供热量、煤炭消耗量数值来自《电力年鉴》；粉煤灰排放量数值来自国家环保局；粉煤灰堆存量是从 1993 年开始计算。

表 1-3　未来粉煤灰排放量预测[2]

年份	根据装机容量预测粉煤灰排放量		根据发电量预测粉煤灰排放量		根据 DGP③ 预测粉煤灰排放量		
	总装机容量①（10⁴kW）	粉煤灰排放量（万 t）	总发电量②（×10⁸kW·h）	粉煤灰排放量（万 t）	GDP（亿元）	预测火力发电量（×10⁸kW·h）	粉煤灰排放量（万 t）
2005	45000	20250	21000	20328	137372	21514	
2010	65000	29250	30500	29524	178808	22207	27729
2020	95000	42750	45000	43560	357616	43664	54550

①火力装机容量以总装机容量的 75% 计；

②火力发电量以总发电量的 80% 计；

③GDP 由 2020 年国内生产总值比 2000 年翻两番计算所得。

表 1-4　典型化工废渣的组成与产量[3]

化工废渣	主价元素含量	次价元素含量	数量（kt·a⁻¹）	废渣产生率
硫铁矿渣	Fe　40%~45%	Al₂O₃　8.89%	22330①	—⑦
硫酸渣	Fe₂O₃　75.42% Fe　29.39%~49.09%	Al₂O₃　3.49% S　0.52%~1.11%	—	—
硫石膏	Fe₂O₃　8.13%	Al₂O₃　2.16%	—	—

化工废渣	主价元素含量	次价元素含量	数量（kt·a^{-1}）	废渣产生率
磷石膏	Fe_2O_3 0.07%～0.34%	Al_2O_3 0.11%～0.75%	25000	3～5t/t（磷铵）
磷矿煅烧渣	—	—	—	—
含氰废渣	73.6%～89.5% （mg/kg·废渣样，以CN^-计）	—	—	—
磷肥渣	P_2O_5 5.31%	Al_2O_3 3.24%	2300[②]	—
硫磺渣	Fe_2O_3 25.92%	Al_2O_3 8.81%		
含钡废渣	溶性钡 23.32%～39.50%	BaS 0.35%～4.32%	>400	0.8～1t/t
总溶剂渣	—	—	—	—
黄磷渣	Al_2O_3 2.0%～4.78%	MgO 0.3%～1.0%	4500	9t/t
柠檬酸渣	Al_2O_3 0.15%	Fe_2O_3 0.02%	675～900[③]	1.5～2.0t/t
制糖废渣	Al_2O_3 0.87%	Fe_2O_3 0.18%	10000	1t/t
脱硫石膏	Al_2O_3 0.7%～1.29%	MgO 0.66%～1.0%	3000[④]	
氟石膏	Al_2O_3 0.1%～2.2%	MgO 0.1%～0.8%	1000	1t/3t
废石膏模	Al_2O_3 2.30%	Fe_2O_3 0.40%	—	
电石渣	Al_2O_3 2.42%～2.88%	Fe_2O_3 0.30%～2.26%	18000	1.2t/t
碱渣	Al_2O_3 3.0%	Fe_2O_3 0.7%	1263	
煤气炉渣	—	—		
磷渣	Al_2O_3 0.83%～9.07%	MgO 0.76%～6.00%	5500～6900	8～10t/t
汞渣	Hg >10mg/m^3	Fe 1%～3%	>0.2	
铬渣	Cr_2O_3（11%～14%） 金属铬 Cr（1%～5%）铬盐	Al_2O_3 72%～78% MgO 27%～31%	900	3～3.5t/t （重铬酸钠）
盐泥	$BaSO_4$ 34%～48%	$MgCO_3$ 4%～14%	472.6[⑤]	50～60kg/t
硼渣	MgO 35%～45%	B_2O_3 12%～15%	4500[⑥]	3～4t/t
砷渣	Sn 25%～32%	As_2O_5 10%～17%		

①硫铁矿渣约为总的化工废渣的1/3，而2004年化工废渣约为67000kt/a；

②2004年我国磷肥生产量为10791kt，按0.23t/t比例计算；

③2003年我国柠檬酸产量为450kt，则柠檬酸渣量约为675～900kt；

④预测的2010年的脱硫石膏产量；

⑤按烧碱产量计算，2003年我国的烧碱产量为9452.7kt；

⑥按一年开采1500kt硼矿计；

⑦数据不详。

工业废渣如不利用，大量堆存不仅占用土地资源，还造成严重的大气污染、土壤污染和水资源污染，危害自然环境和人类健康，已成为一大社会公害。而另一方面，工业废渣却又大多具有可利用的价值，是可再利用的资源，素有"放错地方的原料"之称。而在工业废渣的无害化和资源化两者中，工业废渣的资源化才是最有效、最根本的措施，因为只有这样，能源耗竭、资源减少和环境恶化三大环境问题才能在一定程度上得到根本的改善。

为此，我国对工业废渣的利用和处理进行了大量的研究，工业废渣的综合利用率在逐年提高，见图1-2[1]。

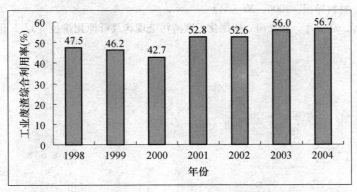

图1-2　我国工业废渣综合利用率[1]

但总体来讲，我国工业废渣的利用情况并不乐观，综合利用率还不到60%，大部分被暂时性贮存和处置，还有一部分被直接排放至自然环境中。

第四节　工业废渣在水泥行业利用中的瓶颈

水泥是涉及人民生命财产安全的产品，在水泥生产过程中要有一定的工艺参数才能稳定生产。因此，无论是作为二次原燃料，还是用作水泥的混合材料，工业废渣在水泥行业中的应用存在的瓶颈如下：

（1）有害物质的处理技术。这其中包括对水泥性能的有害物质，以及对人体、环境有害的物质。工业废渣产生于各行各业，不可避免地在化学组成、矿物组成上带有行业的特点，而这些行业特点可能会对水泥的性能或人体健康安全带来影响。如有色冶金渣中带有重金属、化工废渣中含有酸性物质、甚至含有有毒物质等潜在危及人体健康安全；如冶金废渣中有的含有方镁石以及硫化物，影响水泥混凝土的体积安定性等。

（2）品质的稳定性。原材料的产地不同以及原材料质量的波动，都会影响工业废渣的成分波动，以及活性高低的波动，为水泥生产的稳定控制带来影响。

（3）工业废渣的形态、处理难易程度等。由于工艺的不同，工业废渣的形态不同，有的为颗粒状，有的是粉末状，而有的是膏状。而在水泥生产过程中要涉及物料的堆存、运输和计量等程序，因此需要物料具有一定的物理性能，即能流动、不能堵塞和篷仓。因此，需要对工业废渣进行处理，而膏状物料由于其含水量大、内比表面高、烘干设备的不配套、处理成本高等原因，限制了其在水泥行业中的利用。其中，比较典型的有赤泥、电解锰渣等。

（4）作为水泥混合材使用，最大的瓶颈为缺少工业废渣标准规范。我国虽然从20世纪50年代就开始利用工业废渣进行水泥的生产，并形成了相关的工业废渣标准体系，但仅限于常规的、传统的几种工业废渣，而对于大量的其他工业废渣没有进行系统的研究和建立标准体系。因此，工业废渣在水泥行业中的利用必须首先制定有关工业废渣的技术标准。无标准可依，是不能乱掺乱用的。

参考文献

[1] 周祖德. 工业废渣制造绿色建材的必要性与紧迫性 [J]. 中国建材, 2007, 3.

[2] 黄弘, 唐明亮, 沈晓冬, 钟白茜. 工业废渣资源化及其可持续发展（Ⅰ）—典型工业废渣的物性和利用现状3 [J]. 材料导报, 2006, 20（Ⅵ）.

[3] 楼紫阳, 宋立言, 赵由才, 张文海. 中国化工废渣污染现状及资源化途径 [J]. 化工进展, 2006 年, 25（9）.

第二章 混合材料的分类

第一节 概 述

目前，我国按照混合材料对水泥强度贡献的大小（28d 抗压强度比），将用于水泥中的混合材料分为了活性混合材料和非活性混合材料两大类。同时，又根据硬化机理不同，将活性混合材料大概分为潜在水硬性和火山灰活性两类。

目前在我国水泥工业中使用的混合材料分类见表 2-1。

表 2-1 水泥用混合材料的分类

类别	混合材料品种及标准
活性混合材料	矿渣 GB/T 203《用于水泥中的粒化高炉矿渣》
	火山灰质材料 GB/T 2847《用于水泥中的火山灰质混合材料》
	粉煤灰 GB/T 1596《用于水泥和混凝土中的粉煤灰》
	磷渣 GB/T 6645《用于水泥中的粒化电炉磷渣》
	粒化高炉钛矿渣 JC/T 418《用于水泥中的粒化高炉钛矿渣》
	粒化增钙液态渣 JC/T 454《用于水泥中的粒化增钙液态渣》
	钢渣 YB/T 022《用于水泥中的钢渣》
非活性混合材料	活性指标（28d 抗压强度比）达不到活性混合材料要求的矿渣、火山灰材料、粉煤灰以及石灰石、砂岩、生页岩等材料

所谓活性混合材料，是指含有活性组分（如 SiO_2、Al_2O_3 及铝酸盐、硅酸盐等）的材料，这些材料中的活性组分在 $Ca(OH)_2$ 或 $CaSO_4$ 的作用下能够水化，生成具有胶凝性质的化合物。凡是具有较高活性组分的材料称为活性混合材料。相反，凡不含或只含很少量活性组分的材料称为非活性混合材料。

由于活性混合材料所含有的活性成分能够参与水泥的水化反应，产生具有胶凝性的水化产物，因此对早期强度的影响小且后期强度增长迅速，所以被水泥企业大量使用。我国通用水泥产品标准（GB 175）所允许的混合材料掺入的最大量为 70%。

在这些混合材料中，除了矿渣采用质量系数进行活性的评定外，其他的混合材料全部采用 28d 抗压强度比进行活性的评定。此种评定方法，涉及的只是对水泥强度贡献率的大小，而与水泥的其他性能（特别是与水化产物相关的耐久性能）无关。

影响活性混合材料活性高低的因素除了混合材料本身的化学组成、矿物组成外，冶金类工业废渣还与其水淬质量相关，其他类混合材料（包括冶金类混合材料）还和与之配比的水泥的性质有关。

在活性混合材料中，根据硬化机理的不同，又分为具有潜在水硬性混合材料、火山灰质混合材料两大类。而由于钢渣等的矿物组成的独特性，被定义为水硬性混合材料。

第二节　具有潜在水硬性的混合材料

具有潜在水硬性的混合材料是指在有石膏存在的情况下，磨细混合材料加水拌合后，能够在潮湿空气中凝结硬化，并能在水中继续硬化的材料。

具有潜在水硬性的混合材料的硬化机理为混合材料中活性组分在硫酸盐的激发下，与 $CaSO_4$ 反应，生成水化硫铝酸钙，并凭借自身的 Ca，形成水化硅酸钙，使其能够硬化，并产生一定的强度。

基于以上的硬化机理，工业废渣是否具有潜在水硬性的试验方法如下：

将粉磨至 $80\mu m$ 方孔筛筛余为 1%~3% 的工业废渣和二水石膏按质量 80:20（或 90:10）的比例混合均匀，称取 $300g \pm 1g$，按 GB/T 1346 试验方法确定的标准稠度用水量制备净浆试饼。试饼在温度（20±1）℃，相对湿度大于 90% 的养护箱内养护 7d 后，放入（20±1）℃的水中浸水 3d，然后观察浸水试饼形状完整与否。如边缘保持清晰完整，则认为工业废渣具有潜在水硬性。

目前，在现有的标准体系中，具有潜在水硬性的混合材料主要包括矿渣、锰铁渣（类属于矿渣）、铬铁渣、磷渣等。除此之外，具有潜在水硬性的工业废渣还有锰铁合金渣、镍铁合金渣、化铁炉渣、铅锌渣等冶金废渣。

具有潜在水硬性的材料具有如下特点：

（1）具有潜在水硬性材料的最大特点（与火山灰质材料相比）是具有比较高的 CaO 含量，以满足自身硬化所需。潜在水硬性材料的 CaO 含量一般在 20% 以上，甚至高达 50%。

（2）结构多为致密的玻璃体结构。由于此种结构，具有潜在水硬性的材料具有易碎、难磨的特点，同时由于颗粒表面的光滑性，导致对水的含有能力下降。

（3）在矿物组成上以玻璃相为主，其含量多在 85% 以上，只含有少量晶体。其以矿渣为代表的生铁冶金渣为主。

（4）由于潜在水硬性材料多经过高温煅烧，发生了液相反应，这些材料中的 MgO 多呈稳定的化合物存在（如镁方柱石、镁橄榄石），对水泥的压蒸安定性不会造成影响。

（5）由于具有潜在水硬性材料的硬化机理在于其中的活性 Al_2O_3 在碱及硫酸盐的激发下，与 $Ca(OH)_2$ 及 $CaSO_4$ 反应，生成水化硫铝酸钙，所以在参与水泥的水化反应时需要化合大量的水，因此，能够降低水泥浆体中的游离水，降低水泥浆体的孔隙率。

第三节　具有火山灰性的混合材料

火山灰质混合材料是指磨细混合材料加水拌合后并不硬化，但与石灰混合再加水拌合便能在空气中硬化，并能在水中继续硬化的材料。

火山灰质混合材料的硬化机理为火山灰质混合材料中的活性 SiO_2 在 $Ca(OH)_2$ 的激发下，能够反应生成具有胶凝作用的水化硅酸钙，使其能够硬化，并产生一定的强度。

基于以上的硬化机理，工业废渣是否具有火山灰活性的试验方法如下：

将粉磨至 $80\mu m$ 方孔筛筛余为 1%~3% 的工业废渣和硅酸盐水泥按质量 30:70 的比例混合均匀，称取 20g 混合样品，与 100mL 水制成混浊液，在（40±2）℃条件下养护 7d 或 14d。到养护期时将溶液过滤，滴定滤液中 CaO、总碱量（OH^-）（mol/L）。以 CaO 量为纵坐标，以 OH^- 为横坐标，在火山灰活性图（见图 2-1）上画点。图中曲线为（40±2）℃条件下 CaO 在不同 OH^- 浓度时的溶解度曲线。当试验点落在曲线下方，说明该试验材料能够吸收

熟料水化析出的 $Ca(OH)_2$，即具有火山灰性；反之，不具有火山灰性。

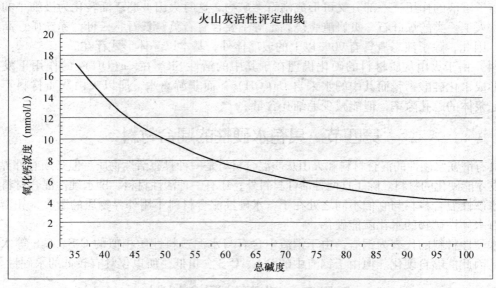

图 2-1　火山灰活性评定曲线

　　火山灰质材料是水泥工业使用最早的材料之一，是天然或人工材料的总称。我国国家标准 GB/T 2847《用于水泥中的火山灰质材料》列出了十种火山灰材料：天然一类的五种——火山灰、浮石、凝灰岩、沸石岩、硅藻土或硅藻石；人工一类的五种——煤矸石、页岩渣、烧黏土、煤渣、硅质渣。除了国家标准 GB/T 2847《用于水泥中的火山灰质材料》列出的五种人工火山灰质材料外，具有火山灰活性的材料还有流化床煤灰、硫酸渣、锂渣、硅灰和稻壳灰等工业废渣。虽然粉煤灰也属于火山灰质混合材料，但由于其独特的物理性质以及对水泥性能的影响不完全类同于其他火山灰质混合材料，我国将其单独分列。

　　火山灰质材料具有如下特点：

　　（1）虽然火山灰质的材料和具有潜在水硬性的材料都是以活性 SiO_2、Al_2O_3 为主，但在 CaO 含量上存在较大差异。不像具有潜在水硬性的材料那样，具有火山灰性的材料的 CaO 含量较低，多在 5% 以下[2]。正由于本身的 CaO 含量较低，所以才需要外加 CaO 来激发其活性。

　　（2）火山灰质材料的结构特点是具有多孔性，具有巨大的内比表面积，尤其是天然一类的，见表 2-2。由于此特点，火山灰质材料一般都具有强大的需水性（除了粉煤灰由于玻璃微珠的轴承作用降低需水性外）。同时，火山灰质混合材料由于此特点，而具有良好的保水性能。

表 2-2　火山灰质材料的内比表面积[2]

材料名称	内比表面积（cm^2/g）
硅藻土	135.7
沸石岩	84.6
页岩渣	10.1
液态渣	4.9

　　（3）火山灰质材料的矿物组成以晶体和无定形的 SiO_2 为主。火山灰质材料所含的矿物随其成因及以后的变化大不相同。火山喷发的火山灰一般以玻璃体为主，含量可在 40% ~ 50%，另含有少量碳酸钙、石英、磁铁矿等；喷发的火山灰经沉积、压实胶结变化而成的凝

灰岩，其矿物种类就更多一些，还含有长石、云母及蒙脱石、高岭土等；凝灰岩再经富含碱金属离子溶液的作用，一部分又可形成沸石类矿物，这时火山玻璃逐渐转化为极细小的晶体矿物。人工一类的煤矸石、页岩渣、烧黏土等主要含有石英、长石、云母、赤铁矿、高岭土等[2]。因此，除了液态渣具有 90% 以上的玻璃体外，基本以晶体形式存在。

（4）由于火山灰质材料的硬化机理在于其中的活性 SiO_2 在 $Ca(OH)_2$ 的作用下发生反应，形成水化硅酸钙，而其中的水来自 $Ca(OH)_2$，而非游离水，所以火山灰质材料不会降低水泥浆体的总孔隙率，但能减少毛细孔含量。

第四节　具有水硬性的混合材料

具有潜在水硬性的混合材料和火山灰质混合材料是一种具有活性物质、但必须有外界物质的激发才能硬化的材料。除了这两种活性材料外，还有一种活性材料，即水硬性混合材料。

水硬性混合材料与它们不同之处在于，水硬性混合材料不用外界物质的激发，凭借本身的具有水硬性矿物的水化就能硬化。

水硬性材料的代表为钢渣，由于钢渣中含有与水泥熟料性质相似的 C_3S、C_2S 等水硬性矿物，因此能够自硬化。但由于钢渣中的 C_3S、C_2S 含量低，所以仅具有较低的水硬性。

第五节　非活性混合材料

非活性混合材料与活性混合材料的不同点是不含有或含有少量活性组分。在现行的 GB 175《通用硅酸盐水泥》中，允许使用的非活性混合材料为质量系数小于 1.2 的矿渣、抗压强度比小于 65% 的火山灰质材料、强度活性指数小于 70% 的粉煤灰以及石灰石和砂岩。由于这些材料对强度的影响比较大，所以允许使用的最大量仅为 8%。

非活性混合材料在水泥中的使用，主要利用了物料的易磨性不同的特点，来改善水泥的颗粒组成，使其起到微粉填充效应和微集料作用，从而改善水泥的使用性能和力学性能。但对于矿渣、火山灰质材料、粉煤灰这些材料，有时由于活性低被判定为非活性材料，但仍有微弱的活性，产生少量的水化反应。这种填充材料表面的水化却有利于改善过渡带的性质，改善水泥的抗折性能。铜渣等低活性废渣用作混凝土骨料正是利用了这一特点，来提高混凝土的抗折强度。

对于有的非活性混合材料，除了起填充效应外，还具有一定的物理化学作用。根据资料[1]，石灰石中的 $CaCO_3$ 还能与熟料中的 C_3A 和 C_4AF 矿物生成碳铝酸钙。熟料水化析出的 $Ca(OH)_2$ 在石灰石表面亦可呈定向成长发育，两者都可提高水泥强度。另外，石灰石还有促进熟料中的 C_3S 矿物水化的作用，使水泥水化程度增加，因而提高强度。但是，由于非活性混合材料不含有（或少含有）活性成分，其对水泥力学性能的贡献与活性混合材料毕竟不同。掺非活性混合材料的水泥强度与硅酸盐水泥强度的比值，基本不随龄期的增长而变化。相反，掺活性混合材料的比值，在 28d～3 个月期间增长很快，形成一个突变点。而在同样龄期下，甚至直到一年，标准砂（惰性）的比值稳定在 56%～64% 之间，石灰石 28d 后基本稳定在 66%～67% 的范围[2]。

第六节　其他混合材料

以上介绍的混合材料都可以根据其特点找到适合的定位，但还有一些混合材料，按照现在的分类方法无法进行类属划分。

这些材料的特点是含有活性成分，但用现有的潜在水硬性和火山灰性试验又不合格，而用抗压强度比试验却具有相对比较高的抗压强度比的一类材料。

在现有的标准体系中，这类材料主要为窑灰。对于拜耳法赤泥和大量水化的赤泥以及大量 γ 化的镁渣以及铬渣、镍渣等，也应列入该范畴。

烧结法和联合法赤泥、冶炼金属镁的镁渣和铬渣，由于其主要矿相为 C_2S（图2-2），因此，也属于水硬性混合材料的范畴，或也可以划为潜在水硬性材料。但由于 C_2S 的水化活性低以及 β-C_2S 向非活性 γ-C_2S 的转化，还有赤泥在产生过程中的部分水化，导致其（潜在）水硬性较低。同时，与已水化的量（赤泥）、β-C_2S 向非活性 γ-C_2S 转化的量（镁渣）相关，其活性的大小存在较大差异，甚至没有活性。

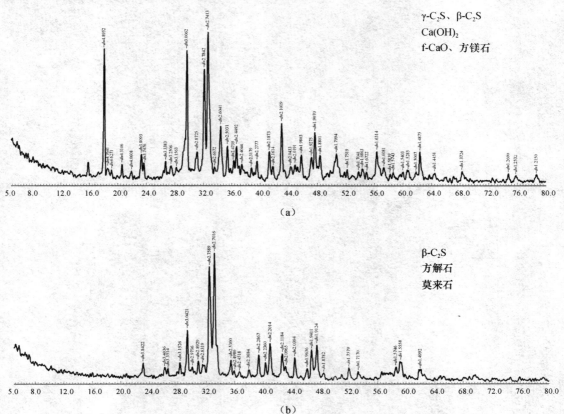

图 2-2

（a）唐山镁渣的 X-射线衍射图谱；（b）某赤泥的 X-射线衍射图谱

13

参考文献

[1] 童三多，方德瑞．沸石—石灰石微集料水泥［J］．建筑材料科学研究院水泥科学研究所，庆祝建院三十周年水泥与混凝土研究论文集［M］．P707－716.

[2] 建筑材料科学研究院编．水泥物理检验（第三版）［M］．北京：中国建筑工业出版社，1985.

第三章 混合材料对水泥性能影响的机理

第一节 概　述

混合材料是通用水泥生产中的重要原材料，除了具有调节水泥强度等级、节约水泥熟料、提高水泥产量、降低水泥成本、提高经济效益的作用外，还具有改善水泥性能的作用，或者说具有改变水泥性能的作用。

对于混合材料改变水泥性能的作用，除了混合材料的化学组成、矿物组成的个别原因外，普遍的规律可以从物理、化学、物理化学以及表面物理和结构物理等方面进行解释。

第二节　物理作用机理

根据国内外的一些研究表明，混合材的作用机理可以体现在填充效应、火山灰效应和微集料效应三个方面。其中的填充效应和微集料效应就是典型的物理作用。填充效应是利用混合材的微细颗粒填充到水泥颗粒的间隙中，通过物理作用使水泥颗粒实现紧密堆积，实现水泥硬化浆体结构的致密化；微集料效应是比较粗大的混合材料，只是表面水化甚至根本没有水化，类同骨料存在于水泥浆体中。这两者的作用前提是通过混合材料的易磨性与熟料不同，使易磨的物料以微粉的形式存在，而难磨的物料以粗颗粒的形式存在。

对于混合材料的填充作用，文献［1］认为可以大幅度改善胶凝材料的填充性（图3-1），提高水泥石的致密性、抗渗性，并纯粹从提高水泥粒子的填充性方面提高了水泥石的强度。

虽然粗颗粒的存在不能像微粉一样填充于水泥的颗粒之间，但微集料效应可以从微集料颗粒的粒径和微集料颗粒的强度对水泥基材料强度产生影响[2]。文献［2］将高强

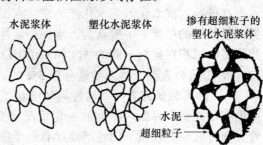

图 3-1　超细粒子在水泥浆体中的填充示意图[1]

和超高强水泥基材料的抗压强度和孔结构参数对比，证明在掺活性混合材的高强和超高强水泥基材料中明显存在微集料效应。微集料效应的存在可以弥补孔结构缺陷给强度带来的负面影响。微集料效应的发挥是 DSP 类超高强水泥基复合材料高强产生的重要原因之一。同时，由于填充效应和微集料作用的存在，改善了水泥的颗粒组成，使水泥的性能明显改善。

Professor Hiroshi Uchikawa[3] 在其《Management strategy in cement technology for the next century》一文中介绍了一种用于混凝土的高强水泥的生产方法，即在考虑水泥水化过程中物理性能变化的前提下，求出颗粒粗大化的极限及在规定的范围内比表面积最小、填充最紧密的组合，从而生产颗粒级配符合这些条件的水泥。但是，混合材料的填充效用和微集料效应的发挥具有一定的条件。加入矿渣微粉对水泥颗粒既有填充作用又有分散作用，填充作用使

15

强度增加，分散作用使强度降低。矿渣微粉掺量小时，矿渣微粉对水化产物的分散作用很小，主要表现为填充作用。矿渣微粉填充于水泥颗粒形成的空隙中，增加了体系的致密度，从而使水泥强度增加。但当矿渣微粉掺量过大时，水泥之间的细颗粒过多，使得胶凝物质的数量相对减少，减弱了它们之间的相互粘结作用，即矿渣微粉的分散作用大于它所起的填充作用，这样致使强度降低，表现出填充效应的强度贡献率和填充效应因子随矿渣微粉掺量增加而减小[4]。

第三节　化学作用机理

在水泥行业大量使用的为活性混合材料，因此，混合材料的火山灰活性效应是对水泥性能影响的重要因素之一。

火山灰效应是利用混合材的火山灰活性，和水泥水化的 $Ca(OH)_2$ 发生二次反应的产物填充密实硬化浆体的空隙、降低硬化浆体中 $Ca(OH)_2$ 含量改善界面过渡带以及形成低钙C—S—H凝胶，改善水泥性能。

由于混合材料的火山灰效应的时限原因（文献［5］认为在粉煤灰发生反应之前，C—S—H和 $Ca(OH)_2$ 已经沉淀在粉煤灰颗粒表面。水化7d时，可以观察到粉煤灰的玻璃相受到严重侵蚀的现象[6]。然而文献［7］指出，水化28d时粉煤灰仍然没有发生反应，甚至水化2a后仍能观察到未反应的粉煤灰颗粒[8]），在水化初期，混合材料以骨料的形式存在于硬化浆体中，此时混合材料仅起到填充等物理作用。只有液相的pH值达到13.2，甚至更高时，玻璃相网络结构才能够迅速解离破坏[9]，参与水泥的水化反应。而此时，水泥浆体的初始结构已经形成，混合材料二次水化所形成的产物填充于已有的孔隙中，使硬化浆体的结构进一步致密，提高了水泥浆体的抗渗性能以及取决于抗渗性的耐久性能和力学性能。

在进行二次水化形成水化产物密实水泥浆体的同时，混合材料的二次水化反应显著降低界面过渡层的厚度。一般认为，水泥—惰性集料界面过渡层的厚度在 $30 \sim 50\mu m$ 范围内。过渡层是由沉积在集料一侧的AFt和 $Ca(OH)_2$ 晶体以及紧邻二者的C—S—H凝胶层构成。刘宝元等[10]研究表明，掺入质量分数5%的活性集料时，界面区的厚度普遍降到 $20\mu m$ 左右。Gu等[11]的实验研究表明，活性集料增强了水泥水化产物和集料之间界面过渡层的密实性，但没有量化研究界面区厚度的变化情况。文献［10、11］都认为活性集料活性的高低影响着界面过渡层的性质。活性越高越有助于提高界面过渡层密实性，降低界面过渡层的厚度。同时，研究表明[12]，水泥浆体界面过渡区是高水灰比的，因而晶体尺寸较大，结构疏松，而且水化物晶体的取向性随与集料表面距离的增加而减弱。在水泥中掺入矿渣微粉后，矿渣微粉的火山灰效应消耗了熟料水化生成的氢氧化钙，使界面处氢氧化钙的取向比纯水泥明显下降[13]，几乎没有取向，界面区厚度比纯水泥浆体的界面厚度略低，从而改善了硬化浆体的界面结构，提高了强度[13]。

另外，混合材料的使用降低了水泥浆体中的 $Ca(OH)_2$ 数量。引起 $Ca(OH)_2$ 数量变化的因素主要有两种：一是其中熟料相对数量的减少；二是发生火山灰反应吸收部分 $Ca(OH)_2$ 。两者都是降低浆体中 $Ca(OH)_2$ 的含量，但是并不排除粉煤灰没有表现出火山灰活性时，因硅酸盐水泥熟料矿物水化加速，引起 $Ca(OH)_2$ 数量增多的现象[14]。但与未掺粉煤灰相比， $Ca(OH)_2$ 的最终数量仍然降低。

水泥浆体中的 $Ca(OH)_2$ 数量的降低，在水化产物上产生的变化是低钙C—S—H的形成。针对粉煤灰与 C—S—H 化学组成变化的关系，已有的研究结论比较一致：粉煤灰降低 C—S—H 的 $n(Ca)/n(Si)$ 值，增加其中的 $n(Al)/n(Ca)$，$n(Fe)/n(Ca)$ 和 $n(K)/n(Ca)$ 的值。三甲基硅烷化测试表明，C_3S 和粉煤灰水化液相中，Si^{4+} 浓度的增加速率高于 C_3S 单独水化时的增加速率。

Uchikawa 等[15]报道了水化 180d 时，C_3S 单独水化浆体中多聚硅酸根离子和二聚硅酸根离子的比值是 0.56，而粉煤灰存在时，该值增大为 0.80。

分析电子显微镜（AEM）的观察研究表明，$n(Ca)/n(Si)$ 的比值比较接近 1.55，并随水化龄期的增加而变小，如水化 6a 的粉煤灰水泥浆体中，C—S—H 的 $n(Ca)/n(Si)$ 值为 1.2~1.0[16]。

研究表明，低碱度（C/S 为 0.8~1.5）水化硅酸钙晶须的抗拉强度可以达到 1300MPa，而高碱度（C/S≥1.5）水化硅酸钙晶须抗拉强度仅为低碱度水化硅酸钙晶须抗拉强度的一半，这种强度上的差别主要是它们的结晶结构不同所致。在低碱度水化硅酸钙中硅氧链的缩聚程度要高得多。同时，低碱度水化硅酸钙的晶体尺度极小，比表面积甚大，由其构成的结晶连生体具有很多的接触点，因此其结晶连生体的强度也高[17]。

以上为混合材料的火山灰效应带来的好处，但超过一定限度，这种效应会造成水泥性能的恶化。如水泥浆体的碱度过低，会容易造成碳化收缩，甚至引起钢筋锈蚀；Metha 发现不同水化条件（主要是液相的 pH 值）能大大改变 AFt 相的形貌，它们可以小至接近无定形，大至 100μm 以上[17]。在低 $Ca(OH)_2$ 饱和程度下，快速形成的 AFt 相成粗大的柱状结晶，破坏已形成的硬化水泥浆体结构。甚至出现因 $Ca(OH)_2$ 含量过低而停止水化的现象，后期结构和性能无法发挥，特别是在淡水的溶蚀下出现结构解体的现象。

第四节　物理化学作用机理

混合材料的加入，改变了水泥的组分，同时也改变了水泥浆体液相组成和浆体结构，因此对水泥的水化和性能产生了不同的作用。

关于对水泥水化的影响以粉煤灰对水泥水化的影响为主进行阐述。

在粉煤灰与熟料矿物硅酸三钙 C_3S 相互作用的研究方面，既有粉煤灰促进 C_3S 水化的研究结论，又有粉煤灰延缓其水化的研究报道。

最近的研究文献［18］认为，水化 1d 后粉煤灰促进 C_3S 的水化。在粉煤灰促进 C_3S 水化的机理研究上，文献［19］认为水化开始阶段，粉煤灰颗粒表面是有助于 C—S—H 形成和 $Ca(OH)_2$ 结晶的"活化中心"，这是粉煤灰加速 C_3S 水化的主要原因。Takemoto[20]则将此归因于粉煤灰颗粒表面选择性吸收 Ca^{2+} 的结果。Gutteridge[21]认为，有无活性的微粉颗粒，都能加速硅酸盐水泥熟料矿物的水化。上述解释主要强调了粉煤灰颗粒的"微细集料"作用。但是，Maltis 等[22]选用两种颗粒粒径分布和物理性能比较接近的粉煤灰，研究了 20℃和 40℃时粉煤灰对水泥水化的影响。研究表明，两种粉煤灰都能增加水泥浆体的非结合水量，但增加数量差别较大。据此，作者认为，即使养护 1d 时粉煤灰没有发生火山灰反应，也不能将粉煤灰看作惰性物质。也就是说，不能仅仅把粉煤灰对水泥水化的影响归因于其"微细集料"作用[22]。

在粉煤灰延缓 C_3S 水化机理方面，Wei 等[23]认为由于粉煤灰溶解产生 Al^{3+}，相应地增

加了液相 Al^{3+} 的浓度，Al^{3+} 与液相中 Ca^{2+}、SO_4^{2-} 结合形成钙矾石 AFt。AFt 的形成降低了液相中 Ca^{2+} 的浓度，再加上粉煤灰颗粒表面吸附部分 Ca^{2+}，因此液相中的 Ca^{2+} 浓度比较低。在这种条件下，C—S—H 的形成和 $Ca(OH)_2$ 的结晶均被延缓推迟，进而延缓了熟料矿物的水化。

同样，加入高细度的石灰石粉，在水泥水化过程中也能起到晶核作用，促进 C_3S 水化，但也能削弱减水剂的缓凝作用使水泥的早期发热量与不加石灰石粉的水泥相比有所增大，发热高峰时间也相对提前，必须适当多加些减水剂，才能达到同样效果。所以掺磨细石灰石粉的效果超出了单纯填充材料的作用[24]。

之所以出现相反的结论和观点，原因是混合材料在胶凝材料中的量的多少。在混合材料用量小时，整个胶凝材料的水化受水泥熟料的控制，混合材料以少量的晶核形式存在，促进了 C—S—H 的形成和 $Ca(OH)_2$ 的结晶，起到促进水泥熟料水化的作用；但混合材料用量大时（矿渣大于35%、粉煤灰和火山灰大于15%时），显著降低胶凝材料中的 $Ca(OH)_2$ 含量，C—S—H 的形成和 $Ca(OH)_2$ 的结晶均被延缓推迟，进而延缓了熟料矿物的水化。

对于混合材料对硬化水泥浆体结构的影响，文献〔24〕给出了若用其他材料取代水泥熟料就应考虑以下几种情况：

惰性材料会提高总孔隙率，因为它不能吸收化学结合水，并减少了熟料总量和熟料吸收的化学结合水量。

有潜在水硬性的材料，如水淬矿渣会与熟料一样能降低总孔隙率，因它也能与水反应吸收化学结合水，只是反应速度较慢，析出的 $Ca(OH)_2$ 少，对结构密实性的贡献取决于它的水化率与熟料水化率的比值，比值越高贡献越大。

火山灰活性材料也会提高总孔隙率。因为它是与熟料水化后析出的 $Ca(OH)_2$ 反应，并未额外多吸收化学结合水。但它能使 $Ca(OH)_2$ 转化为 C—S—H 相，使孔径分布向细孔区方向推移，减少毛细孔含量。

在砂浆和混凝土上细粉对总孔隙率的影响不像对水泥净浆那样明显，因为胶体含量相对较少。另外在使用超细磨的火山灰活性材料时，即使对吸收化学结合水没有什么作用也会提高基体的密实性，因为它具有较好的填充剂作用，并能改善集料边缘区的密实性。

第五节　表面物理和结构物理作用机理

混合材料的表面物理性能和结构物理性能是影响水泥性能的重要因素之一。它们影响着水泥浆体的 δ（电位）、需水量等，从而影响着水泥的使用性能、力学性能和耐久性能等。

在水泥水化时，硅酸盐遇水有选择地溶出钙离子，其结果使表面电位成绝对值小的负值，而中间相遇水后，带正电荷的钙离子、带负电荷的铝酸根离子同时溶出，在新暴露的未水化表面上有选择地吸附 Ca^{2+}、$Ca(OH)^+$ 等离子，从而呈正的高表面电位，整个浆体呈现正 δ（电位）。由于静电吸附，使水泥浆体产生黏聚，水泥浆体呈现比较高的黏性和大的屈服应力，水泥使用性能表现为需水量大、流动性差等。而矿渣等混合材料遇水呈现负 δ（电位），中和中间相的正 δ（电位），使水泥颗粒之间的静电吸附能力减小，从而降低了水泥的黏度和屈服应力，改善水泥的使用性能。特别是在使用减水剂时，这种作用的效果更加明显。

但大量掺入需水性大的火山灰材料时，由于火山灰材料本身的多孔结构造成的大需水量，使水泥浆体黏度和屈服应力增加。文献［25］指出，水泥浆体的黏度和屈服应力随火山灰材料掺量的增加而成指数函数增加。由于流动性能的降低，为了保持同样的流动性就额外地增加了水泥混凝土的用水量，从而造成水泥混凝土的结构疏松，抗渗能力下降，力学性能、耐久性能随之下降。

另外，对于矿渣类冶金潜在水硬性材料，由于是一种内部孔隙很少的玻璃态材料，对水的吸附能力差，再加上水化慢，不能在水泥加水之后快速形成凝聚结构，从而出现严重的泌水现象，给水泥混凝土留下开口的毛细孔道，造成水泥混凝土耐久性能的降低，特别是抗冻性能的降低。

参考文献

[1] 蒲心诚，刘芳等．活性矿物掺合料的填充效应与增塑效应 [J]．高性能混凝土和矿物掺合料的研究与工程应用技术交流会．P153 – 157.

[2] 潘钢华，孙伟，丁大钧．高强和超高强水泥基复合材料中微集料效应的实验研究 [J]．工业建筑，1997，27 (12).

[3] Hiroshi Uchikawa. Management strategy in cement technology for the next century [J]. World Cement, September, 1994.

[4] 刘辉，张长营，杨圣玮，张红波．矿渣微粉在水泥中的效应分析 [J]．混凝土，2007，4.

[5] Diamond S, Ravina D, Lovell J. The occurrence of duplex filmson fly ash surfaces [J]. Cem Concr Res, 1980, 10 (2)：297 – 300.

[6] Fraay A L A, Bijen J M, De Haan Y M. The reaction of fly ash in concrete：a critical examination [J]. Cem Concr Res, 1989, 19 (3)：235 – 246.

[7] Maltis Y, Marched J. Influence of curing temperature on the cement hydration and mechanical strength development of fly ash mortars [J]. Cem Concr Res, 1997, 27 (7)：1009 – 1020.

[8] Tenoutasse N, Redco S A. 混合材水泥的耐久性与其微结构间的关系 [A]．第八届国际水泥化学会议论文集（中译本）[C]．Vol. 3（下册）．北京：中国建筑材料科学研究院，1987. 63 – 69.

[9] 张文生，陈益民，欧阳世翕．粉煤灰与水泥熟料共同水化硬化的基础研究进展及评述 [J]．硅酸盐学报，2000，28 (2).

[10] 刘宝元，吴中伟．在混凝土中掺用活性工业废渣改善界面效应和性能的研究 [J]．硅酸盐学报，1989，17 (6)：554 – 560.

[11] Gu P, Xie P, Beaudoin J J. Microstructural characterization of the transition zone in cement systems by means of A. C. impedance spectroscopy [J]. Cem Concr Res, 1993, 23 (3)：581 – 591.

[12] Xie Ping, II Beaudoin. Modification of trsnsition zone microstructure- silica fame coating of aggregate surfaces [J]. Cement and Concrete Research, 1992, 22：591 – 604.

[13] 陈益民，许仲梓．高性能水泥基础研究 [M]．北京：中国纺织出版社，2004.

[14] Taylor H F W, Mohan K, Moir G K. Analytical study of pure and extended portland cement paste：Ⅱ, fly ash- and slag- cement pastes [J]. J Am Ceram Soc, 1985, 68 (2)：685 – 690.

[15] Uchikawa H, Furuta R. Hydration of C_3S- pozzolana paste estimated by trimethylsilylation [J]. Cem Concr Res, 1981, 11 (1)：65 – 78.

[16] Lachowski E E, Glasser F P, Kindness A, et al, Compositional development（solid and aqueous phase）in aged slag and fly ash blended cement pastes [A]. Proceeding of 10th International Congress on the Chemistry of Cement [C]. Gothenbury：[s. n.]，1997，3：091.

[17] 陆平．水泥材料科学导论 [M]．上海：同济大学出版社，1991.

[18] Asaga K, Kuga H, Takahashi S, et al. Effect of pozzolanic additives in the portland cement on the hydration rate of alite [A]. Proceeding of the 10th International Congress on the Chemistry of Cement [C]. Gothenbug：[s. n.]，1997，3：107.

[19] Taylor H F W. Cement Chemistry [M]. London：Thomas Telford Publishing, 1997.

[20] Takemoto K, Uchikawa H. 火山灰质水泥水化 [A]．第七届国际水泥化学会议论文选集 [C]．北京：中国建筑工业出版社，1985：340 – 370.

[21] Gutteridge W A, Daiziel J A. Filler cement：the effect of the secondary component on the hydration of portland cement—part 2：fine hydraulic binders [J]. Cem Concr Res, 1990, 20 (5)：778 – 782.

[22] Maltis Y, Marched J. Influence of curing temperature on the cement ydration and mechanical strength develop-

ment of fly ash mortars ［J］. Cem Concr Res, 1997, 27 (7): 1009 – 1020.

［23］ Wei F, Grutzeck M W, Roy D M. The retarding effects of fly ash upon the hydration of cement paste: the first 24 hours ［J］. Cem Concr Res, 1985, 15 (1): 174 – 184.

［24］ 乔龄山. 水泥颗粒分布和石膏匹配与用水量及凝结特性的关系（二）［J］. 水泥, 2004, (7).

［25］ 建筑材料科学研究院编. 水泥物理检验（第三版）［M］. 北京：中国建筑工业出版社, 1985.

第四章 具有潜在水硬性的废渣

第一节 粒化高炉矿渣

一、概述

粒化高炉矿渣，俗称水渣，它是冶炼生铁时从高炉中排出的废渣。

在生铁冶炼过程中，从炉顶加入铁矿石、焦炭以及助熔剂，物料在 1300～1500℃时变成液相，浮于铁水上的熔渣经出渣口排出。矿渣经出渣口流出后立即用水急冷，遂成粒状，故称为粒化高炉矿渣，俗称水渣。经急冷后大部分熔融玻璃态被保留下来，且形成疏松多孔结构。这种结构疏松多孔的玻璃态就保证了矿渣具有较高的活性。

作为水泥混合材料的粒化高炉矿渣系指冶炼铸造生铁、炼钢生铁和个别特种生铁（如锰铁）的矿渣，不包括钢渣、化铁炉渣及其他冶金渣（如赤泥、铜渣等）。随着矿渣处理技术的进步以及矿渣利用研究的深入，矿渣的利用率非常高，已从废渣名录中去除。

矿渣的化学成分以 CaO、SiO_2、Al_2O_3 为主，通常三者含量在 90% 以上。另外，矿渣中还含有少量的 MnO、TiO_2 等。与水泥熟料相比，矿渣的 CaO 偏低，SiO_2 偏高。

在矿物组成上，矿渣基本是由 CaO、SiO_2、Al_2O_3、MgO、Fe_2O_3 等组成的玻璃态铝硅酸盐，玻璃体的含量一般在 85% 以上，为矿渣活性的主要来源。矿渣中只含有少量的晶体矿物，其中主要有：铝方柱石（$2CaO \cdot Al_2O_3 \cdot SiO_2$）、钙长石（$CaO \cdot Al_2O_3 \cdot 2SiO_2$）、硅酸二钙（$2CaO \cdot SiO_2$）、硅酸一钙（$CaO \cdot SiO_2$）；氧化镁多时，还有镁方柱石（$2CaO \cdot MgO \cdot 2SiO_2$）、镁橄榄石（$2MgO \cdot SiO_2$）等。

二、质量要求

矿渣的活性主要取决于它的化学成分和成粒质量（水淬质量）。国家标准 GB/T 203—2008《用于水泥中的粒化高炉矿渣》即是从化学的和物理的两个方面对矿渣提出了要求，见表4-1。

表4-1 粒化高炉矿渣的质量要求

技术指标 \ 等级	合格品	优等品
质量系数 $(CaO + MgO + Al_2O_3)/(SiO_2 + MnO + TiO_2)$[①]，不小于	1.20	1.60
二氧化钛（TiO_2），不大于	10.0	2.0
氧化亚锰（MnO），不大于	4.0	2.0
	15.0[②]	2.0
氟化物含量（以 F 计），不大于	2.0	2.0

等级 技术指标	合格品	优等品
硫化物含量（以S计），不大于	3.0	3.0
松散容重（kg/L）不大于	1.20	1.00
最大粒度（mm）不大于	100	50
大于10mm颗粒含量（以质量计）（%）不大于	8	3

①CaO、MgO、Al_2O_3、SiO_2、MnO、TiO_2 均为质量百分数；

②冶炼锰铁时所得的矿渣。

（一）质量系数

通常，矿渣的活性以质量系数 $K = (CaO + MgO + Al_2O_3)/(SiO_2 + MnO + TiO_2)$ 来衡量，系数越大则活性越高。但矿渣的活性很大程度上还取决于它的冷却条件。即质量系数与矿渣的活性有关，但不相关。

慢冷的矿渣具有相对均衡的结晶结构，主要的矿物为钙铝黄长石、镁黄长石、钙长石、硫化钙、硅酸二钙等，除了硅酸二钙具有缓慢水硬活性外，其他矿物在常温下的水硬性很差。水淬急冷阻止了矿物结晶，形成大量无定形活性玻璃体结构或网络结构，因而水淬矿渣（水渣）具有较高的潜在活性。

在质量系数公式中的氧化物，CaO、MgO、Al_2O_3 是矿渣活性的主要来源。

CaO 是矿渣生成铝方柱石（$2CaO \cdot Al_2O_3 \cdot SiO_2$）、硅酸二钙（$2CaO \cdot SiO_2$）的物质保障。通常，CaO 的含量越高，矿渣的活性也越高。

Al_2O_3 是矿渣中的又一个重要的活性成分，Al_2O_3 在碱及硫酸盐的激发下，可强烈地与 $Ca(OH)_2$ 及 $CaSO_4$ 反应，生成水化硫铝酸钙和水化铝酸钙。其含量越高，矿渣的活性也越高。活性 Al_2O_3 的存在，也是矿渣具有潜在水硬性的原因。

MgO 在矿渣中的含量一般比熟料中的多，但与熟料不同的是，矿渣中的 MgO 多呈稳定的化合物存在，不会形成游离结晶的方镁石，对水泥的压蒸安定性无害。根据资料，MgO 含量在 20% 以下时，含量稍高会促进矿渣的玻璃化，对提高矿渣的活性有利。而 SiO_2、MnO、TiO_2 三种成分对矿渣的活性不起作用或起不利作用。

SiO_2 在矿渣中的含量仅次于 CaO，高于水泥熟料中的含量。它与 CaO、MgO、Al_2O_3 等结合成硅酸盐或铝硅酸盐。如果含量再高，CaO、Al_2O_3 就相对减少，不能和 SiO_2 反应生成活性矿物。因此，矿渣中的 SiO_2 以偏低为好。

（二）MnO、硫化物和氟化物

锰在矿渣中可能以两种形式存在：①形成锰的硅酸盐和铝硅酸盐。这些矿物的活性比相应的钙的硅酸盐和铝硅酸盐的活性低得多。②形成 MnS。MnS 水化时生成 $Mn(OH)_2$，体积膨胀 24%，且由于锰先于钙和硫反应，MnS 的含量增加，相应减少了对水泥强度有益的 CaS。试验表明，当 MnS 含量高时（大于 5%）将引起水泥强度下降。因此，矿渣中的锰对矿渣活性起不良作用，所以矿渣中的 MnO 含量越低越好。但冶炼锰铁时，渣中的 MnO 含量远高于一般的矿渣，通常在 10% 以上。鉴于此，GB/T 203 规定锰铁矿渣中的 MnO 含量不大于 15%，这是因为，当锰铁矿渣中仅仅 MnO 含量高，而硫化物含量不高时，不会造成水泥的安定性不良，或强度的大幅度下降。

硫化物含量的限定和 MnO 密切相关，因此必须严格限制。

氟含量的限定，是由于矿渣中的氟含量高时，氟会以枪晶石（$3CaO \cdot 2SiO_2 \cdot CaF_2$）形式存在。枪晶石中的氟在水泥水化时能够溶出，从而延缓凝结时间，降低水泥强度。

（三）容重

容重反映的是矿渣的水淬质量。一般水淬好的矿渣，结构疏松多孔，容重越小，活性越高。

三、矿渣对水泥性能的影响

20 世纪 70 年代，为了制定 GB 1344 国家标准，中国建筑材料科学研究院牵头，联合有关单位对矿渣和火山灰质材料对水泥性能的影响进行了系统和深入的研究。矿渣掺量对水泥性能的影响以平均结果的形式给出，见图 4-1[1]。

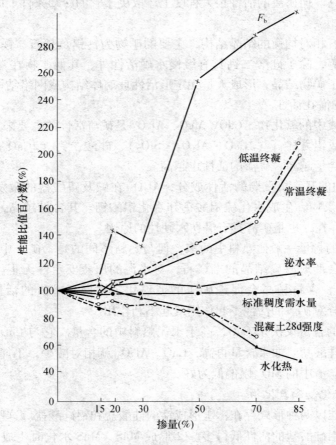

图 4-1　矿渣掺量对水泥性能的影响

在不考虑单个样品差异性的前提下，潜在水硬性混合材料和火山灰质混合材料对水泥性能的影响大致如下：

（1）降低水泥的水化热；

（2）改善水泥的耐高温能力；

24

（3）提高水泥的抗硫酸盐侵蚀能力；

（4）降低水泥的抗碳化能力；

（5）降低水泥的抗冻融能力；

（6）降低水泥的和易性，增加水泥的泌水量。

2004年中国建筑材料科学研究总院在进行GB 175等三个通用水泥产品标准修订时，就混合粉磨、分别粉磨以及与石灰石复掺条件下矿渣对水泥性能的影响规律进行了研究[2]，现就混合粉磨样品的性能规律介绍如下：

（一）混合粉磨条件下矿渣对水泥性能的影响

1. 对标准稠度用水量的影响

矿渣掺量对标准稠度用水量的影响见图4-2。从图中结果看出，矿渣掺量小于15%时用水量随掺量的增加迅速增加，掺量在20%～50%之间时变化不大，掺量在50%～65%之间时随掺量的增加急剧增加，大于65%后又趋于平缓。

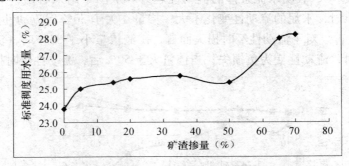

图4-2　矿渣掺量对标准稠度用水量的影响

2. 对凝结时间的影响

矿渣掺量对水泥凝结时间的影响见图4-3。从图中结果看出，矿渣掺量小于15%时凝结时间变化不大，掺量在20%～65%之间时随掺量的增加线性延长，大于65%后变化平缓，15%～20%掺量区间为性能突变区间。

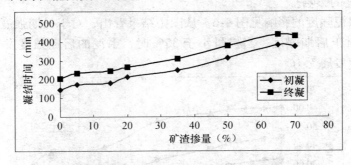

图4-3　矿渣掺量对水泥凝结时间的影响

3. 单位流动度需水量

矿渣掺量对流动度的影响见图4-4。由于试验数据为固定流动度找水的试验数据，因此对数据进行了处理，以单位流动度的用水量表示。单位用水量越大，表明流动度越小。从图中结果看出，随矿渣掺量的增加，单位流动度需水量基本呈线性增加。

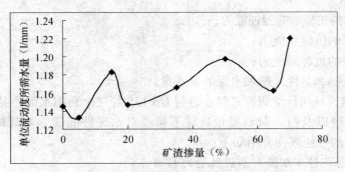

图 4-4 矿渣掺量对流动度的影响

4. 对水泥净浆流动性和流动性经时损失的影响

矿渣掺量对水泥净浆流动性和流动性经时损失的影响见图 4-5。本试验采用 Marsh 筒法进行，Marsh 时间越小，表明水泥浆体的流动性越好。从图中结果看出，对于流动性而言，矿渣掺量小于 50% 时，水泥的流动性变化不大；掺量在大于 50% 后流动性降低，大于 70% 后流动性又有所改善。对于流动性经时损失而言，矿渣掺量小于 35% 时，流动性为正损失，当掺量大于 35% 时，流动性变为负损失；当掺量大于 50% 后，流动性经时损失变化加剧。

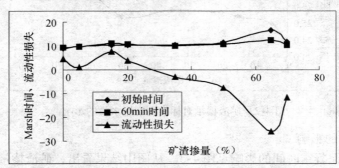

图 4-5 矿渣掺量对水泥净浆流动性和流动性经时损失的影响

5. 对水泥强度的影响

矿渣掺量对水泥强度的影响见图 4-6。从图中结果看出，对于早期强度，基本随掺量增加而线性下降；对于后期强度，当掺量小于 35% 时，水泥的后期强度发展强劲。但大于 35% 后，后期强度发展无力。

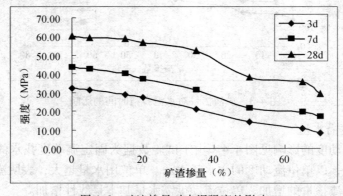

图 4-6 矿渣掺量对水泥强度的影响

6. 对脆性系数的影响

矿渣掺量对脆性系数的影响见图4-7。脆性系数表征了水泥的抗弯能力，此处以抗折强度和抗压强度的比值表示。

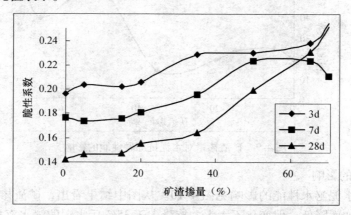

图4-7　矿渣掺量对脆性系数的影响

从图中结果看出，矿渣掺量小于15%时变化不大，掺量大于20%后基本随掺量的增加而提高。15%～20%之间为性能过渡区域。

7. 对干燥收缩的影响

矿渣掺量对水泥砂浆干燥收缩的影响见图4-8。图中仅给出了28d和56d的试验结果。从图中结果看出，矿渣掺量小于35%时，矿渣显著降低水泥砂浆的干缩，此时干缩随掺量的增加而缓慢增大；当矿渣掺量大于35%时，水泥砂浆的干缩与空白持平且没有太大变化。

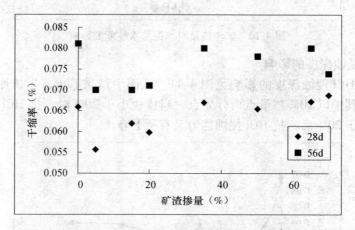

图4-8　矿渣掺量对水泥砂浆干燥收缩的影响

8. 对抗冻融性能的影响

矿渣掺量对水泥抗冻融性能的影响见图4-9。从图中结果看出，矿渣掺量小于15%时强度损失变化不大，在15%～35%之间，随掺量的增加，抗冻融性提高，并在35%点强度损失达到最低；掺量大于35%后，抗冻融性迅速降低。

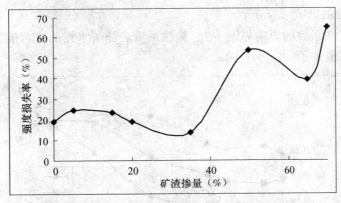

图 4-9 矿渣掺量对水泥抗冻融性能的影响

9. 对泌水率的影响

矿渣掺量对水泥泌水性能的影响见图 4-10。从图中结果看出，矿渣掺量小于 35% 时泌水率随掺量的增加而降低，但变化不太大，掺量大于 35% 后水泥的泌水率急剧增大。

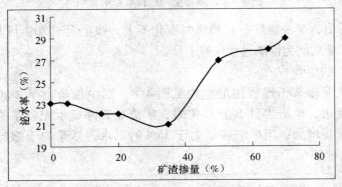

图 4-10 矿渣掺量对水泥泌水性能的影响

10. 对 HCl 侵蚀深度的影响

矿渣掺量对 HCl 侵蚀深度的影响见图 4-11。从图中结果看出，当掺加矿渣后，抗 HCl 侵蚀能力提高，其中以 20% 掺量点为分界点，当掺量小于 20% 时，抗 HCl 侵蚀的能力迅速提高，当掺量大于 20% 后，抗 HCl 侵蚀能力又有所下降。

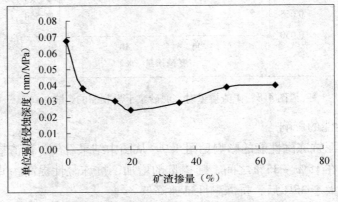

图 4-11 矿渣掺量对 HCl 侵蚀深度的影响

11. 对抗硫酸盐能力的影响

矿渣掺量对水泥抗硫酸盐能力的影响见图4-12。从图中结果看出，矿渣的使用有利于水泥抗硫酸盐侵蚀能力的提高，当矿渣掺量小于20%时，水泥的抗硫酸盐侵蚀能力随矿渣掺量的增加迅速提高，掺量为20%～50%时，矿渣掺量对水泥抗硫酸盐侵蚀的能力维持稳定。但掺量大于50%后，抗硫酸盐侵蚀能力下降，但仍高于基本水泥。

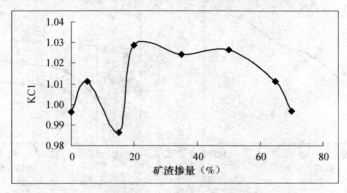

图4-12　矿渣掺量对水泥抗硫酸盐的影响

12. 对抗碳化性能的影响

矿渣掺量对水泥抗碳化性能的影响见图4-13。从图中结果看出，矿渣掺量小于35%时变化不大，掺量大于35%碳化深度增加，大于50%后急剧增加。

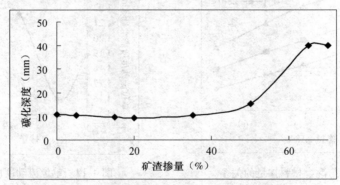

图4-13　矿渣掺量对水泥抗碳化性能的影响

（二）分别粉磨条件下矿渣对水泥性能的影响

与混合粉磨进行对比分析，分别粉磨条件下矿渣对水泥性能的影响规律如下：

1. 提高大掺量、降低小掺量水泥的胶砂流动度；

2. 缩短水泥凝结时间；

3. 提高大掺量混合材水泥的强度；

4. 增大小掺量混合材水泥的干缩；

5. 提高大掺量混合材水泥的抗冻融性；

6. 增大小掺量、降低大掺量混合材水泥的泌水率；

7. 降低碳化深度。

29

（三）与石灰石复掺条件下矿渣对水泥性能的影响

　　矿渣、石灰石复掺对水泥性能的影响规律见图4-14～图4-24。其中，石灰石占混合材总量的15%。结果表明矿渣、石灰石复掺对水泥性能的影响规律基本同矿渣单掺一致，只不过性能曲线比矿渣单掺光滑、明显。

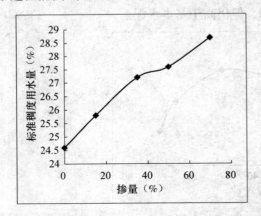

图4-14　标准稠度用水量与混合材料掺量的关系

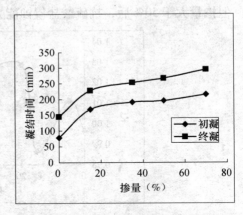

图4-15　凝结时间与混合材料掺量的关系

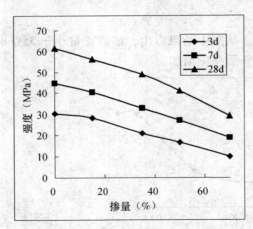

图4-16　强度与混合材料掺量的关系

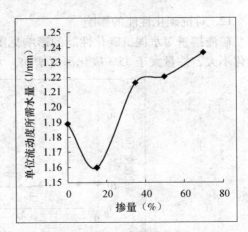

图4-17　单位流动度所需水量与
混合材料掺量的关系

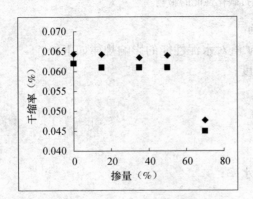

图4-18　干缩率与混合材料掺量的关系

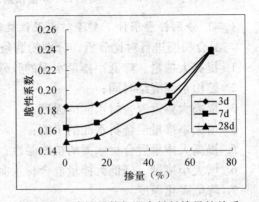

图4-19　脆性系数与混合材料掺量的关系

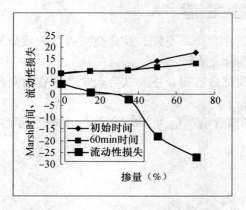

图 4-20　Marsh 时间、流动性损失与
混合材料掺量的关系

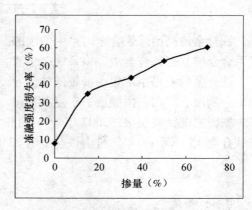

图 4-21　冻融强度损失率与混合
材料掺量的关系

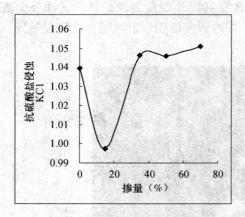

图 4-22　抗硫酸盐侵蚀与混合
材料掺量的关系

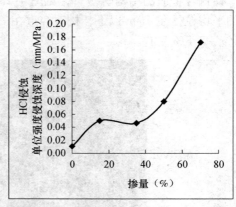

图 4-23　HCl 侵蚀单位强度侵蚀深度与
混合材料掺量的关系

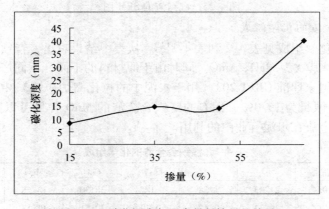

图 4-24　碳化深度与混合材料掺量的关系

第二节　铁合金渣

铁合金渣是冶炼铁合金时产生的废渣。根据铁合金产品不同，铁合金渣可以大致分为：锰系合金渣、镍铁合金渣、铬系铁合金渣、硅系铁合金渣等。

铁合金行业是生产集中度较低的行业，遍布我国各省市，主要铁合金生产大省为贵州、四川、湖南、广西、内蒙古、宁夏和甘肃。

据国家统计局快报，2007 年 1～6 月份，全国铁合金产量为 808.50 万 t。估算全年约生产铁合金 1500 万 t，年约排出铁合金渣 2250 万 t。

一、锰铁合金渣

（一）概述

锰铁合金渣是冶炼硅锰合金、锰铁合金时排放的一种工业废渣。2006 年我国锰合金产量约 380 万 t，产生废渣 570 万 t。

锰铁合金渣的结构疏松[3]，见图 4-25，由于含有锰而外观常为浅绿色。锰铁合金渣原渣的平均粒径在 5mm 以下，松散容重在 750kg/m³ 左右，密度因厂家不同存在较大差异，在 2.4%～2.8% 左右。

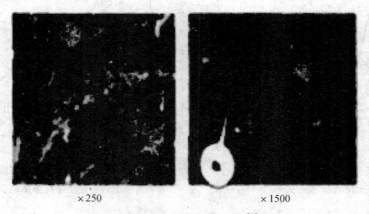

×250　　　　　　　　　　　×1500

图 4-25　硅锰渣的 SEM 图[3]

（二）锰铁合金渣的化学组成

锰铁合金渣的化学组成见表 4-2 和表 4-3[3]。从表中结果看出，锰铁合金渣的主要化学成分为 SiO_2、CaO，其次为 MgO、MnO。同时由于原材料的不同，不同产地的渣在成分上有很大的差异。我国国家标准 GB/T 203《用于水泥中的粒化高炉矿渣》中涵盖了锰铁渣，但由于其规定的 MnO 限量为 15.0%，而有的锰铁合金渣的 MnO 含量可以高达 50%[4]，所以限制了部分锰铁合金渣在水泥行业中的利用。

表 4-2　锰铁合金渣的化学组成　　　　　　　　　　　%

	烧失量	SiO_2	Al_2O_3	Fe_2O_3	CaO	MgO	SO_3	MnO
柳州	-0.4	21.43	1.38	0	38.30	13.58	0.88	15.32
锦州中锰	—	40.72	9.49	0.79	30.51	11.13	—	7.11
锦州硅锰	—	43.04	8.77	0.68	25.04	10.17	—	8.91

表 4-3　硅锰渣的化学成分[3]　　　　　　　　　　　　　%

原料	SiO_2	Al_2O_3	Fe_2O_3	CaO	MnO	MgO	TiO_2	碱度（CaO/SiO_2）
硅锰渣 A	38.10	18.03	0.96	17.47	21.30	3.75	0.13	0.46
硅锰渣 B	40.80	19.10	1.20	18.82	12.77	6.29	0.12	0.46

（三）锰铁合金渣的矿物组成

图 4-26 为柳州和锦州锰铁合金渣的 X-射线分析结果。从分析结果看出，锰铁合金渣的矿物组成以玻璃相为主，因产地和堆存时间不同，存在少量的石英或 $\alpha\text{-}Fe_2O_3$、方解石等结晶矿物，与矿渣的矿物组成有所不同。而文献 [3] 的 XRD 图谱分析表明锰铁合金渣的矿物成分为 SiO_2、CaS、$CaAl(AlSiO_2)$ 以及 $CaTiO_3$。

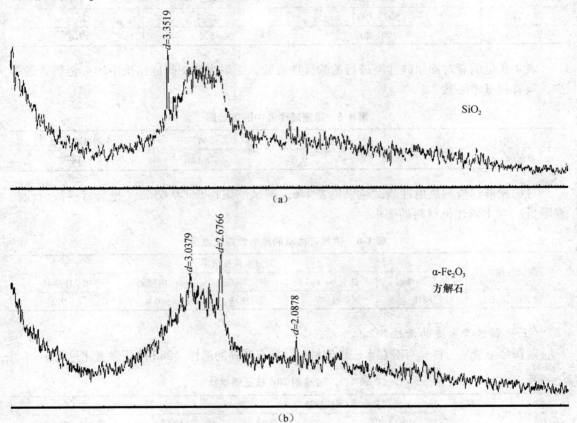

图 4-26　X-射线图谱

（a）柳州锰铁合金渣 X-射线图谱；（b）锦州硅锰渣 X-射线图谱

从中也可看出，锰铁合金渣中的 MgO 同矿渣一样，呈稳定的化合态，而不是游离结晶方镁石，对水泥的压蒸安定性没有影响。而由于锰铁合金渣也是在还原气氛下生成，其中的 S 有可能和锰结合成 MnS，对水泥的性能有害。

（四）锰铁合金渣中的重金属及放射性

文献 [3] 测定了硅锰渣中的微量元素（结果见表 4-4）。由表 4-4 的数据可见，硅锰渣中含有多种有害物质，但所含的微量元素均未超过 GB 4284—84《农用污泥中污染物标准》

规定的有害物允许含量。

表 4-4　硅锰渣中的有害物质及含量[3]

项目	GB 4284—84 最高允许含量（mg/kg）	硅锰渣 A（mg/kg）	硅锰渣 B（mg/kg）
镉（Cd）	5 ~ 20	2.1	2.2
汞（Hg）	5 ~ 15	0.25	0.24
铅（Pb）	300 ~ 1000	1.2	1.6
铬（Cr）	600 ~ 1000	37.0	25.1
砷（As）	75	1.3	2.1
硼（B）	150	12.2	11.2
铜（Cu）	250 ~ 500	3.9	4.1
锌（Zn）	500 ~ 1000	23.7	25.6
镍（Ni）	100 ~ 200	8.9	7.6

表 4-5 是编者对锦州硅锰渣进行的验证性检验，结果表明锦州硅锰渣中的重金属含量很少，与资料基本一致。

表 4-5　锦州硅锰渣中的重金属

项目	铅	铜	锌	水溶性六价铬
含量（mg/kg）	0.01	0.03	0.12	0.18

对锦州硅锰渣的放射性测试结果见表 4-6。测试结果符合 GB 6566《建筑材料放射性核素限量》对主体建筑材料的要求。

表 4-6　锦州硅锰渣的放射性测试结果

废渣名称	测试项目及结果				
	镭（Bq/kg）	钍（Bq/kg）	钾（Bq/kg）	内照射	外照射
锦州硅锰渣	88.6	59.8	318.8	0.4	0.5

（五）锰铁合金渣的活性

锰铁合金渣是一种具有潜在水硬性的材料，具有较高的活性（28d 抗压强度比见表 4-7）。

表 4-7　锰渣的 28d 抗压强度比

项目	锦州硅锰渣		柳州锰铁合金渣	
	空白水泥	掺30%渣的水泥	空白水泥	掺30%渣的水泥
胶砂流动度（mm）	226	230	215	189
28d 强度（MPa）	57.0	45.9	55.4	50.0
28d 强度比（%）	80.5		90.3	

从表中结果看出，两个渣的 28d 抗压强度比都在 70% 以上，表明都具有较高的活性。其中，锦州硅锰渣的 CaO、SiO_2、Al_2O_3 总量高于柳州锰铁合金渣，但柳州锰铁合金渣的活性远远高于锦州硅锰渣，原因可能是锰铁合金渣中的钙含量高以及水淬质量好。

对于含锰矿渣的活性问题，吴兆正和徐意长[5]进行过深入的研究。他们经过研究发现，含锰矿渣中 MnO 的数量并不能体现矿渣的活性，含锰矿渣的活性主要取决于矿渣中的 CaO、

Al_2O_3 与 SiO_2 的相对含量。

在评价冶金渣的质量（活性）时，其中的一个参数为质量系数，即碱性氧化物与酸性氧化物的比。一般认为，质量系数越大，渣的活性高。因此，在用于水泥和混凝土中的粒化高炉矿渣等标准中，规定了渣的质量系数。图 4-27 为几种冶金渣的质量系数与 28d 抗压强度的关系。从图中结果看出，渣的活性大小与质量系数有某些关系，但不密切和显著。这是因为渣的活性除了化学组成影响外，水淬质量（即玻璃体含量的多少）、矿物种类等显著影响其活性的大小。

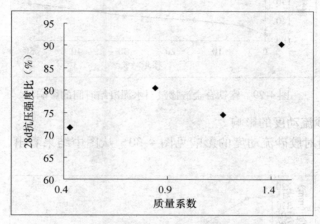

图 4-27　质量系数与 28d 抗压强度的关系

（六）锰铁合金渣的利用

由于锰铁合金渣中铬、锌、硼、镍含量较高，其次是铜、镉、砷、铅等元素，如果硅锰渣任意排放、堆放，这些微量元素有可能富集，从而超过排放标准，对周围的土壤造成破坏。因此，如何行之有效地处理硅锰渣是硅锰合金厂持续发展的关键。目前，有关硅锰渣的综合利用已经进行了大量的研究，其中主要有利用硅锰渣生产水泥以及制备空心砌块等研究。

（七）锦州、柳州锰铁合金渣对水泥性能的影响

1. 对水泥使用性能的影响

（1）对水泥标准稠度的影响

锰铁合金渣掺量对水泥标准稠度的影响见图 4-28。从图中结果看出，水泥的标准稠度用水量随锰铁合金渣的掺量的增大而增加，与矿渣的表现一致。

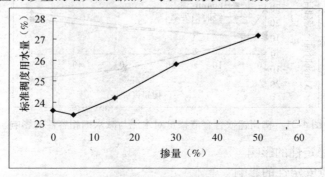

图 4-28　锰铁合金渣掺量对水泥标准稠度的影响

（2）对水泥凝结时间的影响

锰铁合金渣掺量对水泥凝结时间的影响见图4-29。从图中结果看出，凝结时间随锰铁合金渣掺量的增加而有所延长，但延长的幅度不大。

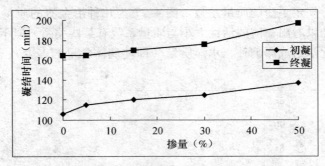

图4-29　锰铁合金渣掺量对水泥凝结时间的影响

（3）对水泥胶砂流动度的影响

锰铁合金渣掺量对胶砂流动度的影响见图4-30。从图中结果看出，胶砂流动度随掺量的增加而降低。

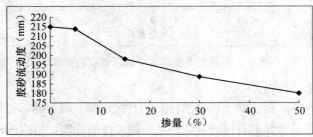

图4-30　锰铁合金渣掺量对水泥胶砂流动度的影响

（4）对水泥与减水剂相容性的影响

锰铁合金渣掺量对水泥与减水剂的影响见图4-31。从图中结果看出，随着锰铁合金渣掺量的增加，水泥浆体的流动性逐渐降低，但经时损失率却迅速减少，到掺量15%以后，经时损失率变为负值，经时损失得到改善。

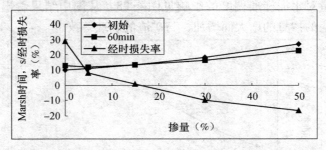

图4-31　柳州锰铁合金渣掺量对水泥与减水剂相容性的影响

2. 对水泥体积稳定性的影响

（1）对水泥沸煮安定性的影响

经过试验，无论是柳州锰铁合金渣还是锦州硅锰渣，所制成的水泥安定性全部合格，表明对水泥的沸煮安定性没有影响。这一点，也可以从矿物组成中没有 $f\text{-}CaO$ 得到佐证。

（2）对水泥压蒸安定性的影响

由于锰系列渣中含有 MnO 以及由于还原气氛所可能形成硫化物，因此进行了压蒸安定性试验，试验结果见表 4-8。从表中结果看出，锦州硅锰渣的使用，不但没有增加试体的膨胀率，反而出现了收缩，原因可能是在高温、高压下水化加速增加化学收缩的结果；而柳州锰铁合金渣增加了试体的膨胀率，但增加的幅度很小。

表 4-8　锰合金渣对压蒸安定性的影响

废渣掺量（%）	膨胀率（%）	
	锦州硅锰渣	柳州锰铁合金渣
0	0.0026	0.016
30	− 0.0154	0.0248
50	− 0.024	—

文献［5］经过研究发现矿渣中含有较多的锰时，不是造成矿渣水泥安定性不好的因素。在水中蒸、煮及压蒸，含锰矿渣制成水泥的体积变化都是均匀的，线膨胀值也与一般矿渣相似。

（3）对水泥胶砂干燥收缩的影响

锰铁合金渣掺量对干燥收缩的影响见图 4-32。从图中结果看出，两种渣的影响规律有所差异。柳州锰铁合金渣掺量在 15%～40% 之间时，增大了水泥的干燥收缩，掺量达到 40% 后才降低水泥的干缩；而锦州硅锰渣对水泥干缩的影响规律基本是随着掺量的增加而降低。造成两者差异的原因可能是两者的活性不同。柳州锰铁合金渣活性高，由此造成的化学收缩比较大。

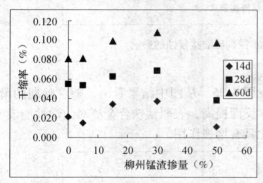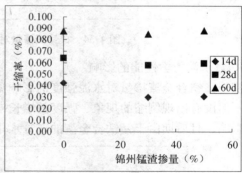

图 4-32　锰铁合金渣掺量对水泥胶砂干燥收缩的影响

3. 对水泥耐久性的影响

（1）对水泥抗冻融性能的影响

锰系渣掺量对制成水泥抗冻融性的影响试验结果见图 4-33。从图中结果看出，掺加锦州硅锰渣后，强度损失有所增加，但增加的幅度不大。而柳州锰铁合金渣则基本上为降低强度损失，改善水泥的抗冻融性能。

（2）对水泥抗硫酸盐侵蚀的影响

硅锰渣掺量对水泥抗硫酸盐侵蚀的影响见图 4-34。从图中结果看出，两个渣对性能的影响不同。锦州锰渣基本降低水泥抗硫酸盐侵蚀能力，而柳州锰渣在提高抗硫酸盐侵蚀能力之后又降低。

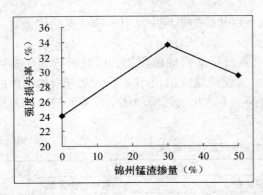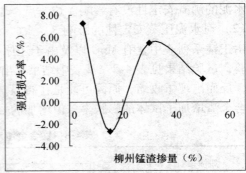

图 4-33　锰系渣掺量对水泥抗冻融性能的影响

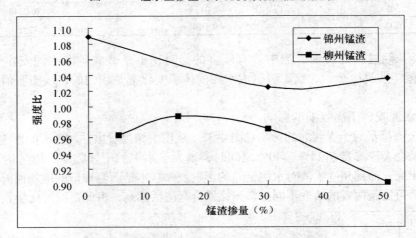

图 4-34　硅锰渣掺量对水泥抗硫酸盐侵蚀的影响

4. 对水泥力学性能的影响

柳州锰铁合金渣掺量对水泥强度的影响见图 4-35。从图中结果看出，随着龄期的增长，强度不但没有出现倒缩的现象，强度的增长率反而提高，表明锰铁合金渣对力学性能没有反面的影响，且后期由于锰铁合金渣的充分水化具有增强作用。

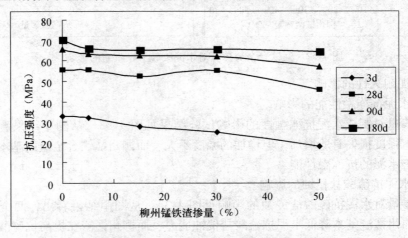

图 4-35　锰铁合金渣掺量对水泥抗压强度的影响

二、镍铁渣

（一）概述

镍铁渣是生产镍铁合金过程中排出的、经水淬形成的废渣。镍铁渣外观呈黑色，具有一定的潜在水硬性。由于没有相关资料，其排放量等具体情况不详。

（二）焦作镍铁渣的化学组成、矿物组成

镍铁渣的化学组成见表4-9。从表中结果看出，镍铁渣的化学组成以 SiO_2、CaO、MgO 为主，同时含有少量的 Al_2O_3 和 Fe_2O_3，成分和矿渣近似。

表4-9　焦作镍铁渣的化学组成

项目	烧失量	SiO_2	Al_2O_3	Fe_2O_3	CaO	MgO	SO_3	$f\text{-}CaO$	R_2O	Cl^-
含量（%）	-0.79	40.38	7.29	4.89	22.91	17.19	1.02	—	0.73	0.005

焦作镍铁渣 X-射线分析见图4-36。结果表明，镍铁渣的矿物组成以玻璃相为主。对于分析的样品，可能由于长时间堆存，存在碳化的现象。另外，镍铁渣中的 MgO 以共融的形式存在于渣中，并未以对水泥长期安定性有害的方镁石形式存在。从化学组成来看，镍铁渣中含有一定的硫，但从矿相中没有发现，可能是硫化物的含量比较少造成的。

图4-36　焦作镍铁渣 X-射线图谱

（三）焦作镍铁渣的放射性和重金属

对焦作镍铁渣的放射性和重金属进行了测试，结果见表4-10和表4-11。焦作镍铁渣的放射性结果符合 GB 6566《建筑材料放射性核素限量》对主体建筑材料的要求；镍铁渣中的重金属总量很低，没有超出 GB 4284《农用污泥中的污染物标准》的限量。

表4-10　焦作镍铁渣的放射性结果

废渣名称	测试项目及结果				
	镭（Bq/kg）	钍（Bq/kg）	钾（Bq/kg）	内照射	外照射
焦作镍铁渣	23.4	18.3	45.2	0.1	0.1

表4-11　镍铁渣中的重金属

项目	铜	镍	水溶性六价铬
含量（mg/kg）	0.02	0.29	0.14

（四）焦作镍铁渣的活性

经试验，焦作镍铁渣为具有一定潜在水硬性的水淬废渣，但由于渣中的 CaO 含量偏低而 SiO_2 含量偏高，其 28d 抗压强度比不算太高，见表 4-12。

表 4-12 镍铁渣的 28d 抗压强度比

项目	空白水泥	掺30%镍铁渣的水泥
胶砂流动度（mm）	208	218.5
28d 抗压强度（MPa）	53.3	39.7
28d 抗压强度比（%）	74.5	

（五）焦作镍铁渣对水泥性能的影响

1. 对水泥使用性能的影响

（1）对水泥标准稠度的影响

镍铁渣掺量对水泥标准稠度的影响见图 4-37。从图中结果看出，当镍铁渣的掺量在 5%~30% 之间时，对水泥标准稠度的影响很小，且保持稳定。当掺量大于 30% 时，显著增加水泥的标准稠度用水量。

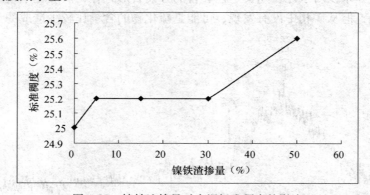

图 4-37 镍铁渣掺量对水泥标准稠度的影响

（2）对水泥凝结时间的影响

镍铁渣掺量对水泥凝结时间的影响见图 4-38。从图中结果看出，镍铁渣掺量小于 15% 时，对凝结时间的影响不大；掺量大于 15% 后，凝结时间基本随掺量的增加而线性延长。

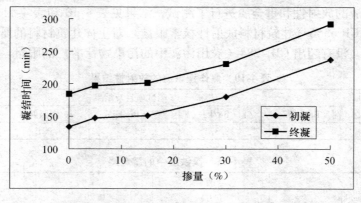

图 4-38 镍铁渣掺量对水泥凝结时间的影响

40

（3）对水泥胶砂流动度的影响

镍铁渣掺量对水泥胶砂流动度的影响见图 4-39。从图中结果看出，掺量小于 30% 时，水泥的胶砂流动度随掺量的增加而增大；掺量大于 30% 后，水泥的胶砂流动度降低，与水泥标准稠度用水量的规律基本一致。

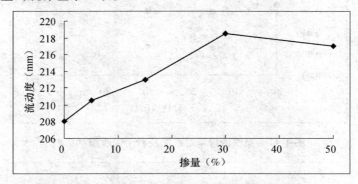

图 4-39　镍铁渣掺量对水泥胶砂流动度的影响

（4）对水泥与减水剂相容性的影响

镍铁渣掺量对水泥与减水剂相容性的影响见图 4-40。从图中结果看出，镍铁渣的使用对水泥与减水剂的相容性影响不大，基本维持了空白水泥的水平。

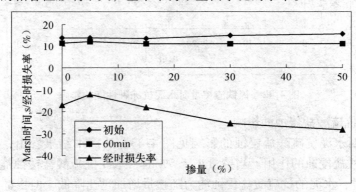

图 4-40　镍铁渣掺量对水泥与减水剂相容性的影响

2. 对水泥体积安定性的影响

（1）对水泥沸煮和压蒸安定性的影响

由于在镍铁渣矿相中没有发现方镁石和 f-CaO，因此镍铁渣对水泥的沸煮和压蒸安定性没有影响。

（2）对水泥胶砂干燥收缩的影响

镍铁渣掺量对水泥胶砂干燥收缩的影响见图 4-41。从图中结果看出，镍铁渣的使用降低了水泥胶砂的干燥收缩，利于硬化水泥浆体体积的稳定性。

3. 对水泥耐久性能的影响

（1）对水泥抗冻融性能的影响

镍铁渣掺量对制成水泥抗冻融性能的影响见图 4-42。从图中结果看出，镍铁渣基本能够改善水泥的抗冻融性。掺量小于 30% 时，强度损失随掺量增加迅速减少，但掺量大于 30% 后，强度损失又有所增加。

41

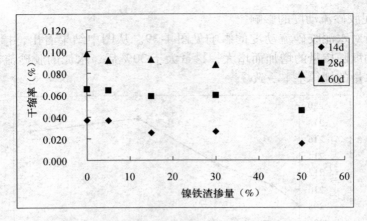

图 4-41 镍铁渣掺量对水泥胶砂干燥收缩的影响

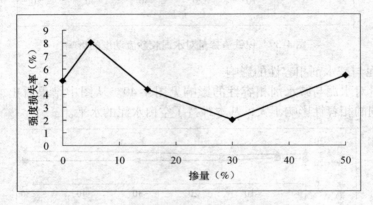

图 4-42 镍铁渣掺量对水泥抗冻融性能的影响

（2）对水泥抗硫酸盐侵蚀的影响

镍铁渣掺量对水泥抗硫酸盐侵蚀的影响见图 4-43。从图中结果看出，镍铁渣总体上具有改善水泥抗硫酸盐侵蚀的作用。当掺量小于 5% 时，水泥抗硫酸盐侵蚀能力迅速提高；掺量在 5%～30% 时，水泥的抗硫酸盐侵蚀能力随掺量增加迅速降低，但掺量大于 30% 后，抗硫酸盐侵蚀能力又有所增加。

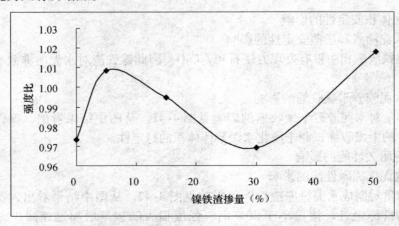

图 4-43 镍铁渣掺量对水泥抗硫酸盐侵蚀的影响

4. 对水泥力学性能的影响

镍铁渣掺量对水泥力学性能的影响见图 4-44。从图中结果看出，虽然在早期水泥胶砂强度随镍铁渣掺量的增加下降的幅度比较大，但到后期强度的下降幅度明显减少，表明镍铁渣的水化数量增大，填充密实了水化浆体结构，对强度的发挥起到积极作用。

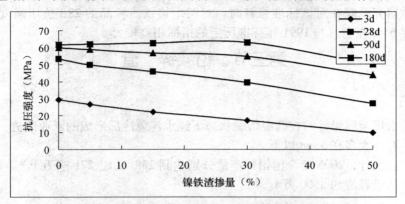

图 4-44 镍铁渣掺量对水泥力学性能的影响

三、铬铁渣

（一）概述

铬铁渣是用电炉还原法冶炼铬铁的废渣。它是以铬铁矿石为原料，硅铬合金为还原剂，石灰、菱苦土等为造渣剂，在 1800℃ 左右的温度下冶炼铬铁排出的废渣。每生产 1t 铬铁，一般产生 2.5t 的废渣。我国每年排出的铬铁渣在 30 万 t 以上。

（二）铬铁渣的化学、矿物组成

铬铁渣分为精炼铬铁渣和碳素铬铁渣两种。两种渣在化学成分上存在很大差异，精炼铬铁渣的 CaO、Al_2O_3 的含量高，CaO 含量高达 50%，而碳素铬铁渣的 CaO 含量却只有百分之几，MgO 含量却高达 40% 多。

精炼铬铁渣的矿物组成主要为 β-C_2S、γ-C_2S、黄长石（C_2AS）、硅灰石（CS）、硅钙石（C_3S_2）、铬尖晶石（$MgO \cdot Cr_2O_3$）等；碳素铬铁渣的矿物组成主要为钙镁橄榄石（CMS）、镁蔷薇辉石（C_3MS_2）、尖晶石（MA）、铬尖晶石（$MgO \cdot Cr_2O_3$）等。铬铁渣中的 MgO 同矿渣一样，均以化合态存在于含镁矿物中，不以方镁石的形态存在，所以不会造成水泥的安定性不良。

（三）用于水泥中的铬铁渣技术要求

为了利用铬铁渣，1991 年，我国研究制定了行业标准 JC 417–91《用于水泥中的粒化铬铁渣》。根据本标准，可以用于水泥混合材料的铬铁渣为精炼铬铁渣和碳素铬铁渣两种，但都必须经水淬粒化，以提高废渣的活性。在这两种渣中，精炼铬铁渣为具有潜在水硬性的混合材料，而碳素铬铁渣却为火山灰质混合材料。

在 JC 417–91《用于水泥中的粒化铬铁渣》中，对铬铁渣的主要质量要求如下：

1. 粒化铬铁渣中的铬化合物含量，以 Cr_2O_3 计不得大于 4.5%；水溶性铬（Cr^{6+}）含量应符合 GB 4911 要求，即六价铬化合物（按 Cr^{6+} 计）浸出浓度小于 0.5mg/L。对于此项规定，是考虑六价铬对人体的危害问题。但根据研究，铬铁渣中的铬主要存在于铬尖晶石

（$MgO \cdot Cr_2O_3$）中，其余则是固溶于玻璃相内。同时，电炉的还原气氛使铬很少以 Cr^{6+} 的形式存在，所以所制水泥一般不会存在 Cr^{6+} 的危害问题。

2. 水泥胶砂 28d 抗压强度比不低于 80%。此技术指标订立于 1991 年，当时强度试验采用的是软炼法。而现在采用的是 ISO 法，两者在胶砂配比上发生了很大变化。2007 年中国建筑材料科学研究总院在对该标准修订时，对两个铬铁渣样品的 28d 抗压强度比进行了测试，结果都在 65% 左右，与 1991 年标准所定的指标相差较大。

第三节　铅　锌　渣

一、概述

铅锌渣是冶炼金属铅锌时在高温熔融状态下经水淬急冷后形成的工业废渣，外观呈亮黑色的细颗粒，粒度大多在 5mm 以下。

据有色协会统计，2005 年全国铅锌产量分别达到 238 万 t、271 多万 t[6]。就按此估算，我国每年排出的铅锌渣约 3500 万 t。

二、铅锌渣的化学组成、矿物组成

铅锌渣的化学组成见表 4-13。从表中结果看出，铅锌渣的化学组成以 Fe_2O_3、SiO_2、CaO 为主，与矿渣有所区别（高铁），也与镍渣有所区别（低镁）。从图 4-45 中看出，铅锌渣的矿物组成以玻璃相为主，含有少量的 C_2S，未见对水泥安定性有害的方镁石等矿相。因此，铅锌渣应具有一定的活性。

表 4-13　铅锌渣的化学组成　　　　　%

	烧失量	SiO_2	Al_2O_3	Fe_2O_3	CaO	MgO	SO_3	R_2O
焦作	-4.12	28.51	8.37	32.51	20.81	5.12	0.09	1.57
1	-6.54	24.54	10.43	38.71	20.94	5.78	—	—
2	-6.40	23.92	12.66	39.01	21.00	5.20	—	—

注：样品 1、2 来源于文献 [9]。

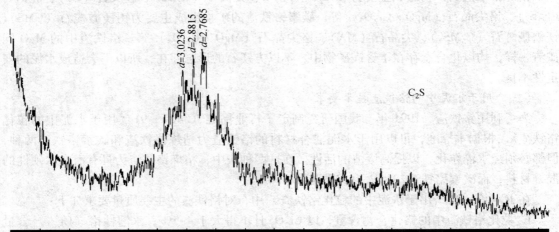

图 4-45　焦作铅锌渣 X-射线图谱

三、焦作铅锌渣中的重金属及放射性

根据资料［7、8］，由于共生现象，铅锌渣中除了含有铅、锌重金属外，还含有铜等重金属，会严重污染环境，危害人类身体安全。为此，编者对焦作铅锌渣进行了重金属总量和水溶性六价铬以及水溶性锌的测试分析，结果见表4-14。

表4-14　铅锌渣中的重金属

项目	铜	锌	铅	水溶性六价铬	水溶性锌
含量（mg/kg）	2.50	77.97	0.42	0.13	0.04

水溶性重金属的测试方法为：用0.5倍的蒸馏水搅拌样品，在室温下浸泡24h，然后用原子吸收法检测锌的含量。

从表中的结果看出，由于铅锌共生，所以铅锌渣中含有一定量的锌，同时还含有少量的铜，但没有超出GB 4284《农用污泥中污染物标准》的限量。同时，水溶性重金属的检测结果表明大多重金属以共融的形式存在于废渣中，少量以游离态的形式存在。

另外，编者对焦作铅锌渣的放射性进行了测试，结果见表4-15。从表中结果看出，该铅锌渣的放射性符合GB 6566标准的要求。

表4-15　铅锌渣的放射性

废渣名称	测试项目及结果				
	镭（Bq/kg）	钍（Bq/kg）	钾（Bq/kg）	内照射	外照射
焦作铅锌渣	159.9	72.9	241.1	0.8	0.8

四、焦作铅锌渣的活性

试验结果表明，水淬铅锌渣为潜在水硬性材料，具有较高的活性，见表4-16。

表4-16　28d 抗压强度比

	空白水泥	掺30%渣的水泥
胶砂流动度（mm）	160	225
28d 强度（MPa）	49.8	41.5
28d 强度比（%）	83.3	

五、铅锌渣在水泥行业中的利用

对于铅锌渣在水泥行业中的利用，由于高铁含量，目前仅见用于水泥生料配料作铁质矫正原料用[9]。使用铅锌渣配料，能明显改善生料的易烧性，降低熟料的热耗。其机理除了铅锌渣中的 C_2S（见图4-45）起到晶核作用外，还有铅锌渣中的微量重金属的存在，降低了熟料矿物的共熔点所致。

六、焦作铅锌渣对水泥性能的影响

（一）对水泥使用性能的影响

1. 对水泥标准稠度用水量的影响

铅锌渣对水泥标准稠度的影响见图4-46。从图中结果看出，在50%以前水泥标准稠度用水量随铅锌渣掺量的增大而增大，在50%以后却随用量的增加降低水泥的标准稠度需水量。

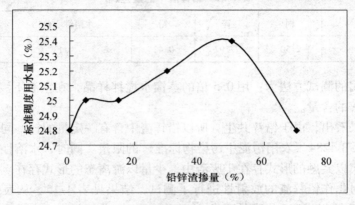

图4-46　铅锌渣对水泥标准稠度的影响

2. 对水泥凝结时间的影响

铅锌渣对水泥凝结时间的影响见图4-47。从图中结果看出，铅锌渣的使用，延长了水泥的凝结时间，且用量越大延长得越多。

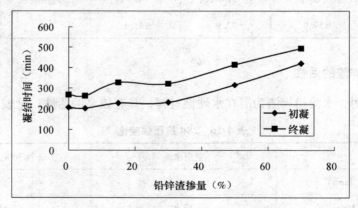

图4-47　铅锌渣对水泥凝结时间的影响

3. 对水泥胶砂流动度的影响

铅锌渣对胶砂流动度的影响见图4-48。从图中结果看出，在30%掺量之前，胶砂流动度基本没有变化；在30%掺量之后，胶砂流动度随铅锌渣掺量的增大而提高。

4. 对水泥与减水剂相容性的影响

铅锌渣对水泥与减水剂相容性的影响见图4-49。从图中结果看出，铅锌渣具有改善水泥与减水剂相容性的作用，无论是水泥浆体的流动性能，还是经时损失，随着铅锌渣用量的增加，基本保持不变。

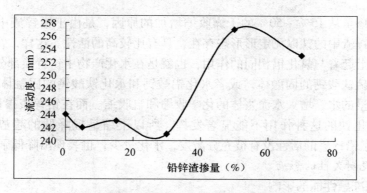

图 4-48 铅锌渣对水泥胶砂流动度的影响

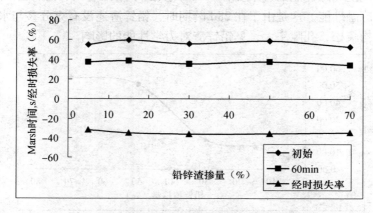

图 4-49 铅锌渣对水泥与减水剂相容性的影响

（二）对水泥体积安定性的影响

1. 对水泥沸煮安定性的影响

由于在铅锌渣矿相中没有发现 $f\text{-}CaO$，因此不会对沸煮安定性造成影响，试验结果全部合格，与矿物组成的分析结果一致。

2. 对水泥胶砂干燥收缩的影响

铅锌渣对水泥胶砂干燥收缩的影响见图 4-50。从图中结果看出，铅锌渣的用量小于 20% 时，降低了水泥胶砂的干燥收缩，但用量在 20% ~30% 时却增加了水泥胶砂的干燥收缩，然后降低水泥胶砂的干燥收缩，但总体降低水泥胶砂的干燥收缩，利于水泥胶砂的体积稳定性。

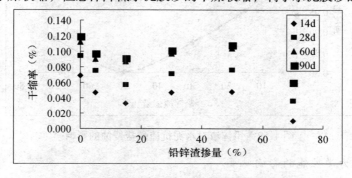

图 4-50 铅锌渣对水泥胶砂干燥收缩的影响

出现铅锌渣掺量从 15% ~ 50% 的干燥收缩增加的原因，是由于铅锌渣中的铁含量高造成的。且由于铅锌渣中的铁以无定形形态存在，具有比较高的活性。这样，在水泥水化过程中，氧化铁基本上起着与氧化铝相同的作用，也就是在水化产物中铁置换部分铝，形成水化硫铝酸钙和水化硫铁酸钙的固融体，或者水化铝酸钙和水化铁酸钙的固融体[10]。这种水化反应需要结合大量的水，增大水泥浆体的化学收缩和自收缩。而在铅锌渣掺量小于 15% 时，由于掺量小，氧化铁的这种作用不能显著发挥，所以干缩呈现降低的趋势；而在大掺量（70%）时，由于铅锌渣的活性没有被充分激发，水化量少，也表现出降低干缩的作用。

（三）对水泥耐久性的影响

1. 对水泥抗冻融性能的影响

铅锌渣对水泥抗冻融性能的影响见图 4-51。从图中结果看出，总体上，铅锌渣的使用恶化了水泥的抗冻融性能。这是由于在 28d 龄期时，铅锌渣还没有充分参与水泥的水化，导致水泥浆体的结构疏松，孔隙率大，见铅锌渣对力学性能的影响。

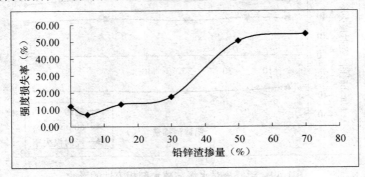

图 4-51　铅锌渣对水泥抗冻融性能的影响

2. 对水泥抗硫酸盐侵蚀的影响

铅锌渣对水泥抗硫酸盐侵蚀的影响见图 4-52。从图中结果看出，铅锌渣用量在小于 15% 时，提高了水泥抗硫酸盐侵蚀的能力；然后随用量的增加，水泥的抗硫酸盐侵蚀能力下降；但铅锌渣的用量达到 50% 后，水泥的抗硫酸盐侵蚀能力又有所提高。造成此种结果的原因，同干缩一样，是铅锌渣中大量 Fe_2O_3 和 Al_2O_3，参与和硫酸盐的反应。

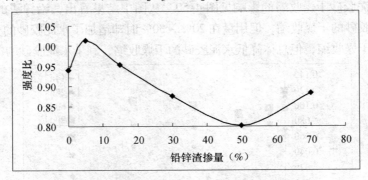

图 4-52　铅锌渣对水泥抗硫酸盐侵蚀的影响

（四）对水泥力学性能的影响

铅锌渣对水泥力学性能的影响见图 4-53。从图中结果看出，虽然铅锌渣具有一定的活性，但大量铅锌渣的使用对早期强度发展的负作用比较大，但显著提高水泥的后期强度。

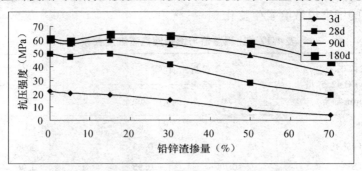

图 4-53　铅锌渣对水泥力学性能的影响

第四节　增钙液态渣

一、概述

增钙液态渣是煤与适量石灰石共同粉磨后，在液态排渣炉内 1600℃ 左右的温度下燃烧，70% 以上的煤灰呈熔融态的硅铝酸盐，经水淬成粒，即为粒化增钙液态渣。另有 30% 左右的粉状物从烟道排出，是为增钙灰。

增钙液态渣的化学成分一般为 CaO 15%～35%、Al_2O_3 18%～20%、SiO_2 35%～50%、Fe_2O_3 3%～8%、MgO 1%～5%。与矿渣相比，增钙液态渣的 CaO 含量低，而 Al_2O_3 含量较高。所以，其活性由于有 Al_2O_3 的存在，仅次于矿渣，而远远高于粉煤灰等。

在增钙液态渣形成的矿物组成中，在 CaO 含量低时，生成的矿物成分为刚玉（Al_2O_3），黄长石（A_3S_2）及石英（SiO_2）等矿物，随 CaO 量的增加，液相出现温度下降，组成平衡可出现钙长石（CAS_2）、硅灰石、鳞石英、$\alpha\text{-}CS$ 和黄长石（A_3S_2）等矿物。

经水淬的增钙液态渣含有 95% 以上的玻璃相，物理性质类似于矿渣，比重 2.6～3.0，松散容重 1.2～1.4kg/L。

二、用于水泥中的增钙液态渣技术要求

1992 年，我国制定了 JC 454—1992《用于水泥中的粒化增钙液态渣》行业标准。该标准对增钙液态渣的主要技术要求为：

1. 按质量系数 K 值分为优等品和一等品。

质量系数 K：

$$K = (CaO + MgO + Al_2O_3)/SiO_2$$

当 K 不小于 1.40 时为优等品，K 不小于 0.80 时为一等品。

2. 增钙液态渣中的氧化钙含量不小于 20%。

三、增钙液态渣对水泥性能的作用

在增钙液态渣对水泥性能的影响上，文献［11］研究发现在增钙液态渣细度与比强度值试验中（相同条件下），并非细度越细比强度值越高（见表 4-17）。原因为原状增钙液态

渣水淬后成粒状，其颗粒组成随存放时间延长继续发生少量风化。有相当数量微细颗粒与时俱增，颗粒组成的细度模数会发生变化。

表4-17　比强度值与增钙液态渣细度关系[11]

配合比 牡丹江水泥 P·O 42.5：增钙液渣（80μm 筛余）	抗折比强度		抗压比强度	
	7d	28d	7d	28d
1:1	1	1	1	1
70:30（4%）	0.88	0.83	0.96	0.86
70:30（8%）	0.78	0.95	0.96	0.95
70:30（12%）	0.81	0.82	0.94	0.82

注：需水比95.6%，比强度28d 82.4%（渣比表面积为320m²/kg）。

文献［12］介绍了掺加30%增钙液态渣的水泥性能，见表4-18。表明增钙渣是一种优良的活性混合材、类似于高炉矿渣，掺30%的增钙渣可生产425增钙液态渣水泥，其性能与425R矿渣水泥相近（编者注：425与425R为2001年前中国软练法的水泥标号）。

表4-18　水泥的物理力学性能[12]

序号	烧失量（%）	细度（%）	SO₃（%）	凝结时间		稠度（%）	安定性	水灰比	抗压强度（MPa）			抗折强度（MPa）		
				初凝（h：min）	终凝（h：min）				3d	7d	28d	3d	7d	28d
1	—	4.8	1.40	1：20	2：10	26.25	合格	0.44	20.3	30.0	42.7	3.3	4.3	6.6
2	—	5.6	2.24	7：05	7：51	26.25	合格	0.44	25.6	33.2	40.6	4.3	4.7	6.2
3	—	8.0	2.04	7：52	8：40	26.25	合格	0.44	29.0	38.1	47.0	4.9	5.4	7.1
4	1.94	8.0	1.92	6：58	8：22	26.25	合格	0.44	30.5	39.5	46.3	4.8	5.5	7.2
5	—	9.6	1.76	7：46	8：11	26.50	合格	0.44	32.7	42.4	47.9	5.4	6.0	7.3
6	1.94	8.0	1.90	6：21	8：42	25.13	合格	0.44	24.4	32.2	44.3	4.5	5.7	6.7

第五节　化铁炉渣

一、概述

化铁炉渣是炼钢厂化铁炉排出的渣，在熔融状态下经水淬急冷所得的粒化废渣。

化铁炉在炼钢工业中被用来熔融生铁或废铁并除去部分杂质，它是炼钢前道工序的设备。在化铁炉中将生铁配以石灰石、萤石和焦炭，共同熔融造渣，因而化铁炉渣具有与矿渣类似的化学组成和物理性质，所不同的主要是含有一定的氟（由萤石所带入）。

表4-19为上海某钢厂化铁炉渣化学成分统计资料[13]。

表4-19　上海某钢厂化铁炉渣化学成分统计资料[13]　　　　　　　%

	SiO₂	Al₂O₃	Fe₂O₃	CaO	MgO
波动范围	24.67～33.37	8.16～12.84	0.34～2.51	41.85～51.84	0.95～8.14
平　均	30.90	11.91	1.64	45.95	5.45

化铁炉渣在矿物组成上除与矿渣类似，含有黄长石、钙长石、硅灰石外，还含有少量的枪晶石（$C_2S_3 \cdot CaF_2$）和 CaF_2。枪晶石中的氟是可溶的，而 CaF_2 中氟是不可溶的，在水淬时有助于形成 CaF_2。所以，化铁炉渣对水泥性能的影响基本与矿渣相似，但不同的是由于游离氟的存在，会显著延长水泥的凝结时间，同时会对钢筋造成锈蚀。

二、化铁炉渣在建材行业中的利用

我国国家标准 GB/T 203 中不涵盖化铁炉渣，同时，也没有单独的技术标准对用于水泥中的化铁炉渣进行规定。即在目前，我国水泥中，不允许使用化铁炉渣作为混合材料。

化铁炉渣在建材方面，20 世纪 70 年代有少量的研究，近几年则主要偏向于混凝土的矿物掺合料上。文献［13］经过研究后认为，水淬化铁炉渣以化学组成及物相组成判别具有极高的水硬活性。其所含的 F^- 与磷渣中的 F^- 形态不同，是不可溶的。化铁炉渣超细粉 30% 掺入水泥所配制的胶结料对钢筋无锈蚀作用，且具有良好的体积安定性。化铁炉渣与粒化高炉矿渣相同，对胶结料有显著的增强作用，其超细粉最佳掺量为 20%。试验研究数据见表 4-20、表 4-21。

表 4-20　化铁炉渣超细粉胶结料的体积安定性[13]

编号	化铁炉渣超细粉掺量	水胶比	雷氏夹指针间距（mm）	沸煮膨胀率（%）	压蒸膨胀率（%）
CP0	0	0.20	<0.50	0.020	0.033
CP1	5	0.20	<0.50	0.026	0.039
CP2	10	0.20	<0.50	0.027	0.036
CP3	20	0.20	<0.50	0.024	0.026
CP4	30	0.20	<0.50	0.024	0.017

表 4-21　化铁炉渣及高炉矿渣超细粉胶结料的砂浆强度[13]

编号	超细粉类别	超细粉掺量（%）	水胶比	抗折强度（MPa）			抗压强度（MPa）		
				3d	7d	28d	3d	7d	28d
CP0	化铁炉渣	0	0.44	5.3	7.0	8.9	25.4	38.5	54.9
CP1	化铁炉渣	5	0.44	5.2	7.1	9.1	24.7	39.4	56.2
CP2	化铁炉渣	10	0.44	5.2	6.7	9.2	25.1	40.4	58.3
CP3	化铁炉渣	20	0.44	4.5	6.8	9.3	22.8	37.8	65.8
CP4	化铁炉渣	30	0.44	4.5	6.0	9.3	19.8	34.2	64.3
CPJ0	化铁炉渣	0	0.32	7.8	8.4	10.4	54.9	56.1	70.3
CPJ1	化铁炉渣	5	0.32	7.4	8.4	10.2	56.6	60.8	75.7
CPJ2	化铁炉渣	10	0.32	6.5	8.2	9.9	49.0	58.7	78.2
CPJ3	化铁炉渣	20	0.32	6.2	7.9	10.1	45.7	56.4	79.1
CPJ4	化铁炉渣	30	0.32	4.9	7.5	10.0	37.6	53.8	78.4
BP4	高炉矿渣	30	0.44	4.6	7.7	10.2	22.3	40.5	65.5
BPJ4	高炉矿渣	30	0.32	7.8	8.5	10.3	42.8	54.0	76.7

文献［14］经过研究认为，利用钢铁厂化铁炉渣生产混凝土优质掺合料，生产工艺简单，充分利用了工业废渣，生产成本低，可满足建筑市场对高强、超高强混凝土的要求，并以用于生产 C45、C50 混凝土应用实践，见表 4-22、表 4-23。

表 4-22　C50 混凝土配置实例[14]

序号	水胶比	混凝土掺合料			坍落度（mm）	混凝土抗压强度（MPa）	
		类型	掺量（%）	超量系数		R7	R28
1	0.375	—	—	—	165	56.7	64.9
2	0.374	Ⅱ型	29	1.1	175	54.5	67.1
3	0.385	Ⅱ型	30	1.0	155	49.4	67.1

注：用 52.5 普通水泥，高效减水剂掺量为 1.2~2kg/100kg 水泥。

表 4-23　C45 及 C50 混凝土工程实例[14]

序号	混凝土强度等级	混凝土组成（kg/m³）							坍落度（mm）	混凝土抗压强度（MPa）	
		水	62.5 硅酸盐水泥	砂	石子	粉煤灰	Ⅱ型掺合料	高效减水剂（L）		R7	R28
1	C50	180	430	633	988	60	50	8.6	180~190	—	58.7
2	C45	189	409	674	980	68	40	8.18	180~190	41.5	56.4

第六节　粒化电炉磷渣

一、概述

磷渣是工业生产中通过磷矿石、硅石、焦炭电炉升华（约 1400℃）制取黄磷时得到的以硅酸钙为主的工业废渣。制取黄磷化学反应式如下：

$$Ca_{10}(PO_4)_6F_2 + 15C + 9SiO_2 \longrightarrow 3P_2 + 15CO + 9(CaO \cdot SiO_2) + CaF_2$$

磷渣经过水淬后成为颗粒状磷矿渣，主要为玻璃体结构，具有较高活性而不经水淬自然慢冷的则为块状磷渣，没有活性。

磷渣通常为黄白色或灰白色，如含磷量较高时，则呈灰黑色。粒化磷渣的粒径，一般在 0.1~5mm 左右，比重 2.90~3.00g/cm³；松散容重 1.0~1.30g/cm³，易磨性较矿渣稍差，且受水淬程度影响较大。粒化磷渣的微观形态，如图 4-54 所示。

×400倍　　　　　　　　　　　　×800倍

图 4-54　粒化磷渣微观颗粒形态（SEM）

根据统计，由于原材料品位的不同，每制取1t黄磷约排出8~10t废渣。目前我国云南、四川、贵州、湖北、浙江等省每年都排放大量磷渣。且随着近年我国黄磷产量的增大，磷渣排放量与日俱增，其中云南省磷渣排放量最大，2002年达340多万t；其次是贵州、四川省，其磷渣排放量也均在250万t/年左右。

二、磷渣的化学组成

磷渣化学成分与矿渣相近，主要以SiO_2和CaO为主（约占80%以上），但Al_2O_3含量偏低（约在5%左右），其次少量的Fe_2O_3、MgO以及P_2O_5和F等成分。在电炉法制黄磷过程中，磷矿石中的P_2O_5被还原分解为元素磷逸出；Fe_2O_3与磷化合为磷铁，以熔融状态从电炉中排出；其他不挥发组分和90%以上的氟均转入磷渣。同时，在提取黄磷过程中总有少量P_2O_5残留在磷渣中，其含量一般约在3%左右；磷渣中的氟含量一般在2.5%~3.0%左右。

不同产地磷渣的化学组成不完全相同，取决于电炉法制取黄磷时所用的磷矿石、硅石、焦炭等的组成与匹配有关。由于受生产工艺限制，目前我国磷渣化学成分总体上较为相近（表4-24）。

表4-24　电炉磷渣的化学成分[22]

磷渣产地	SiO_2(%)	Al_2O_3(%)	Fe_2O_3(%)	CaO(%)	MgO(%)	P_2O_5(%)	F(%)	质量系数
云南昆阳	41.08	4.13	—	47.59	1.65	2.11	2.50	1.24
云南宣威	41.18	4.07	2.00	44.95	2.89	2.43	2.69	1.19
云南大屯	37.70	4.35	2.45	48.12	0.49	4.43	2.50	1.26
云南昆明	40.89	4.16	0.24	44.64	2.12	0.77	2.65	1.22
浙江建德	38.12	4.21	0.67	47.58	2.50	3.43	2.50	1.31
广州农药	45.29	0.83	1.00	41.15	4.63	1.29	2.42	1.00
河南农药	40.64	1.75	0.55	44.71	2.66	1.21	2.13	1.17
广西南宁	43.46	6.33	0.17	47.44	1.70	2.10		1.21
湖南郴州	39.10	9.07	0.23	46.03	2.78	2.98	2.20	1.38
贵州贵阳	39.29	3.61	1.97	43.94	3.73	2.10	1.75	1.24
四川长寿	36.18	5.41	1.45	46.25	4.76	1.86	2.11	1.48
南京南化	41.23	4.40	4.87	44.06	—	1.44	2.73	1.03
浙江鄞县	35.94	4.67	0.54	47.54	2.80	2.51	2.50	1.42

三、磷渣的矿物组成

粒化磷渣以玻璃体结构为主，玻璃体含量约占90%以上，潜在矿物主要为假硅灰石（α-$CaO \cdot SiO_2$）和硅钙石（$3CaO \cdot 2SiO_2$）等，氟在磷渣中与硅钙石形成固溶体枪晶石；此外，还含有少量结晶相，如石英、假灰石、方解石等，如图4-55和图4-56所示。

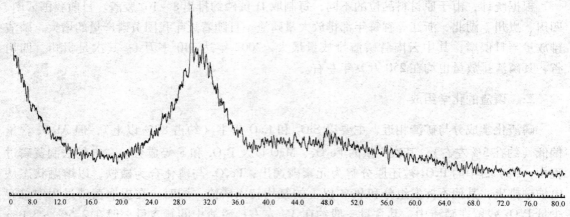

图 4-55　磷渣样品 X 射线衍射图

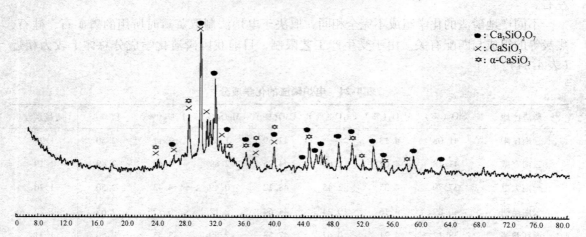

图 4-56　磷渣潜在矿物 X 射线衍射图

磷渣玻璃体结构凝聚程度明显高于粒化矿渣，但由于其处于热力学不稳定状态，有一定活性[15]。

四、磷渣的放射性

磷矿石中含有少量与蜕变产物相平衡的铀、镭等放射性核素，在制取黄磷生产过程中会带入磷渣，因而磷渣具有一定的放射性。表 4-25 和表 4-26 为当前我国部分省区磷渣以及水泥原材料放射性调研情况。

由表 4-25 和表 4-26 可以看出，磷渣放射性与矿渣、熟料等相比略高；但其总体放射性水平不高且相对稳定，镭 Ra226 放射性比活度基本在 150～300（Bq/kg）左右，内照射指数 $I_{Ra} \leqslant 1.3$，外照射指数 $I_r \leqslant 1.0$；而个别样品镭 Ra226 在 400（Bq/kg）以上，内照射指数 $I_{Ra} \geqslant 1.5$。但磷渣按一定比例掺入水泥中，水泥综合放射性核素在水泥中可以得到一定稀释，并没有超出 GB 6566 对主体建筑材料的规定，见表 4-27。

为了便于磷渣的推广使用，我国国家标准 GB/T 6645—2008《用于水泥中的粒化电炉磷渣》对磷渣的放射性进行了如下规定：磷渣与硅酸盐水泥按 1:1 混合后，其放射性核

54

素镭-226、钍-232、钾-40 的放射性比活度，应同时满足 $I_{Ra} \leqslant 1.0$ 且 $I_r \leqslant 1.0$。

表 4-25　我国部分省区磷渣样品放射性统计[22]

编号	产地	Ra226 （Bq/kg）	Th232 （Bq/kg）	K40 （Bq/kg）	照射指数	
					I_{Ra}	I_r
1	云南昆阳	205.6	9.88	77	1.03	0.61
2	昆明五钠厂	212.3	12.6	388	1.06	0.75
3	昆明五钠厂	295.6	9.88	77	1.48	0.86
4	云南	218.3	5.6	70.3	1.09	0.66
5	会泽	228	6.7	228.8	1.14	0.7
6	禄劝	252	15.6	232	1.26	0.8
7	东川	222	21.4	109.6	1.11	0.71
8	宣威	278	23.9	123.1	1.39	0.87
9	云锡	261.8	24.4	276	1.31	0.87
10	个旧	279	19.3	223.5	1.4	0.88
11	石屏	275.8	14.8	45.7	1.38	0.81
12	安宁	214	11.2	148	1.1	0.66
13	土官	165	13.1	212	0.83	0.55
14	六街	405.2	11	91	2.03	1.16
15	寻甸	289	5.8	11.2	1.45	0.83
16	弥勒	281.8	20.8	83.6	1.41	0.86
17	弥勒	310.3	18	197.6	1.55	0.95
18	泸西	264	13.4	264.9	1.32	0.83
19	浙江	196.1	12.2	58.5	0.98	0.62
20	贵州	144	22.2	187	0.72	0.52
	平均值	250.9	14.4	156.3	1.3	0.8
	最大值	405.2	24.4	388	2.03	1.16
	最小值	144	5.6	11.2	0.72	0.52

表 4-26　水泥及其原材料放射性[22]

序号	名称	产地	Ra226 （Bq/kg）	Th232 （Bq/kg）	K40 （Bq/kg）	比活度	
						I_{Ra}	I_r
1	矿渣	昆明钢铁公司	95.9	37.8	350.7	0.48	0.51
2	熟料	昆明水泥厂	54.9	19.9	350.8	0.28	0.31
3	石膏	昆明水泥厂	8.7	17.3	33.8	0.04	0.1
4	普通水泥	昆明水泥厂	44.4	15.8	520.1	0.22	0.3
5	矿渣水泥	昆明水泥厂	77.7	24.2	335.6	0.39	0.35

表 4-27　不同掺量磷渣水泥放射性核素含量[22]

序号	水泥中磷渣掺量 （%）	Ra226 （Bq/kg）	Th232 （Bq/kg）	K40 （Bq/kg）	照射指数	
					I_{Ra}	I_r
1	20	81.17	35.95	231.28	0.4	0.4
2	30	139.34	19.29	230.09	0.7	0.5
3	40	148.12	27.80	76.57	0.7	0.5
4	50	153.43	26.57	283.36	0.8	0.6
5	100	252	15.6	232	1.26	0.8

五、磷渣活性的评价及技术要求

磷渣具有良好的潜在水硬性，在水泥工业中具有巨大的利用空间；但由于磷渣中 P_2O_5 等有害成分的影响，除目前只有少部分在水泥、陶瓷、玻璃等行业得以应用外，大多数磷渣仍露天堆积堆放，利用率不高。

根据研究，磷渣的活性取决于磷渣的化学组成、水淬程度等，因此我国国家标准 GB/T 6645—2008《用于水泥中的粒化电炉磷渣》对磷渣的活性进行了如下规定。

1. 质量系数（K）

磷渣以玻璃体结构为主，SiO_2 和 P_2O_5 为网络形成体，CaO、MgO 为网络改性体，Al_2O_3 为网络调整体。磷渣中 Al_2O_3 通常形成铝酸钙或铝酸钙玻璃体，Al-O 键比 Si-O 键键强小，在极性 OH^- 的作用下，铝氧四面体和铝氧八面体先于硅氧四面体被溶解分散，表现出早期活性[16]。磷渣中氧化铝含量较低（约 5% 左右），是磷渣早期活性低于矿渣的主要原因之一。同时，磷渣中 P_2O_5 也是影响磷渣活性的关键因素。P_2O_5 通常以两种形式存在，即一部分固溶于玻璃体中，另一部分构成玻璃体结构中网络形成体。前者在水泥水化过程中会转移到液相，制约了水泥水化硬化进程；而后者作为网络形成体，P^{5+} 的场力比 Si^{4+} 的场力强，氧的非桥键首先满足于 P^{5+} 的配位，从而使玻璃体的结构强化[17]。当磷渣中 P_2O_5 含量较高时（>2% 时），其对磷渣玻璃体网络结构影响较大，导致玻璃体中阴离子络合物的形成和聚合度增加，降低了与 CaO 的化合活性[18]；且 P_2O_5 含量越多，则桥氧数越大，玻璃体网络结构越牢固，其水硬活性越低[19]。此外，磷渣中氟含量增加，将破坏玻璃体中阴离子结合物的形成和聚合，提高磷渣的活性，是磷渣活性的主要影响因素。

根据以上磷渣玻璃体网络结构特点，可用质量系数（K）对磷渣品质进行评定，如下式：

$$质量系数（K） = \frac{CaO + MgO + Al_2O_3}{SiO_2 + P_2O_5}$$

磷渣质量系数 K 与磷渣水泥 28d 抗压强度存在一定的相关性，质量系数越高，水泥强度也相对较高。为此，我国对用于水泥中粒化电炉磷渣规定（GB/T 6645—2008）：磷渣质量系数应不小于 1.1，P_2O_5 含量不应大于 3.5。

2. 玻璃体含量与松散容重

磷渣的活性与玻璃体数量与结构也有关。在化学成分相近时，磷渣玻璃体数量与结构，很大程度上取决于水淬程度。磷渣水淬越迅速，其玻璃体的数量及玻璃体结构中硅氧链断点的数量也就越多，活性就越高。研究表明[20]，磷渣玻璃体的硅氧四面体结构单元中，桥氧离子通过 Si-O 键在顶端结合成空间网络，而 Ca^{2+}、Mg^{2+} 等金属离子则嵌布于网络的空隙中，在熔融状态下的硅氧键产生很多断点，也就是产生了很多具有自由顶点的末端四面体，急冷处理会使上述熔融结构被冻结下来，使粒化磷渣具有相当数量的不稳定末端四面体，具有很高的化学活性。但由于在实际生产条件的限制，不便于通过玻璃体数量和结构直接检测评价磷渣活性。

磷渣水淬程度，可以用干态磷渣的松散容重进行表征。水淬程度越高，即磷渣熔融体冷却越迅速，玻璃体结构因急冷爆裂较充分，网络结构相对疏松，聚合度相对较小，表现出磷渣活性高，松散容重小；反之，则容重大，活性低。

为此，我国标准 GB/T 6645—2008 对用于水泥中粒化电炉磷渣规定，磷渣的松散容重不小于 $1.30 \times 10^3 kg/m^3$。

六、对水泥性能的影响

（一）对使用性能的影响

1. 磷渣对水泥凝结时间的影响

图 4-57 为不同磷渣掺量时水泥凝结时间的变化。

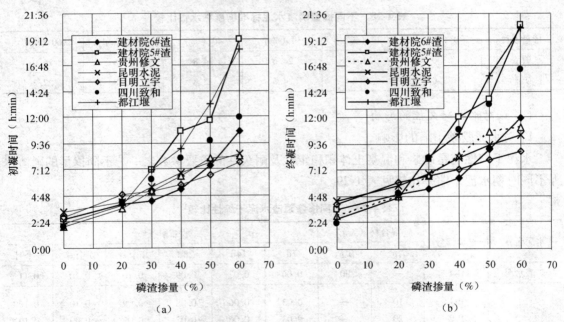

图 4-57　对水泥凝结时间的影响[23]
(a) 初凝；(b) 终凝

由图可见，随着磷渣掺量的增加，水泥凝结时间显著延长。水泥中磷渣掺量为 20% 时，水泥凝结时间基本在 3～5h 左右；但磷渣掺量达 50% 时，水泥初凝时间延长到 6～9h，甚至超过 12h；终凝时间也达到 7～12h 左右，有的可达 14h 以上。产生如此大差异的原因，是由于磷渣中可溶磷溶出，并在液相中形成磷酸盐延缓了水泥水化硬化以及早期强度的发展，且其影响程度随水化液相中磷酸盐含量的增加而加剧。

由于磷渣中含有 P_2O_5，其在碱性环境中溶出对水泥水化硬化有较大影响。研究表明，溶液中磷酸盐含量仅 0.3‰，水泥凝结时间会延长 2~3h；同时，可溶磷酸盐种类不同，对水泥凝结时间影响有较大差异，焦磷酸盐影响最显著，难溶磷酸盐和氟盐影响较小。

对于磷渣的缓凝机理，目前主要有三种观点：其一，认为在水泥水化过程中磷渣中磷的溶出与 CaO^{2+}、OH^- 生成了氟羟基磷灰石和磷酸钙，覆盖在 C_3A 表面，从而抑制了水泥早期水化，从而使凝结时间延长；其二，认为液相中 $[PO_4]^{2-}$ 等磷酸根离子的存在限制了 AFt 的形成，可溶性磷与石膏的复合作用延缓了 C_3A 的水化，即 C_3A 水化停留在生成"六方水化物"层阶段，即没有 AFt 的生成；其三，认为磷渣对硅酸盐水泥的缓凝作用是吸附作用引起的，即在硅酸盐水泥水化初期形成的半透水性水化产物薄膜对磷渣颗粒的吸附，导致这层薄膜致密性增加，从而导致离子和水通过薄膜的速率下降，引起水化速度降低，导致缓凝[21]。

2. 磷渣对水泥标准稠度需水性的影响

与矿渣相似，磷渣以玻璃体为主，且具有较小的内比表面积，因而对水吸附作用较小。磷渣作混合材掺入水泥中，水泥净浆标准稠度略有增加；但磷渣掺量在 20%~60% 时，水泥标准稠度需水性变化不大，如表 4-28 所示。

表 4-28　不同掺量磷渣水泥标准稠度需水性比较

掺量项目	0（%）	20（%）	30（%）	40（%）	50（%）	60（%）
磷渣	23.0	24.4	24.6	24.8	25.6	26.0
矿渣	23.0	24.2	24.6	25.8	25.8	27.2

（二）对水泥耐久性的影响

1. 对水泥胶砂干缩的影响

水泥干缩性能是砂浆和混凝土体积稳定性及耐久性的重要参数之一。不同掺量的磷渣水泥不同时期水泥干缩率比较见表 4-29。

表 4-29　不同掺量磷渣水泥干缩性比较[22]

水泥名称	试验编号	混合材（%）		收缩率（%）					
		磷渣	矿渣	7d	14d	28d	2个月	3个月	6个月
矿渣水泥	C-1	—	30	0.06	0.07	0.09	0.10	0.10	0.11
磷渣水泥	P-1	10	—	0.03	0.06	0.08	0.09	0.10	0.10
	P-2	20	—	0.03	0.06	0.07	0.09	0.09	0.10
	P-3	30	—	0.04	0.06	0.08	0.08	0.09	0.10
	P-4	40	—	0.05	0.07	0.08	0.09	0.10	0.10
	P-5	50	—	0.05	0.06	0.08	0.08	0.09	0.09

由表中结果可以看出，无论水化早期还是后期，磷渣水泥干缩率均较小，28d 收缩率仅为 0.08%，与同掺量的矿渣水泥相近。同时，还可以看出，磷渣掺量对水泥干缩率没有影响。

2. 对水泥抗硫酸盐侵蚀性的影响

表4-30为不同品种水泥抗硫酸盐侵蚀能力比较。

表4-30 不同品种水泥抗硫酸盐能力比较[22]

品种	混合材掺量（%）	不同粉磨细度（比表面积）下水泥抗蚀系数，K		
		250（m²/kg）	350（m²/kg）	450（m²/kg）
PI	0	—	0.79	—
PPS（磷渣水泥）	35	1.14	1.17	1.25
PS	35	0.81	0.82	0.85
PF	35	0.81	0.82	0.98
PP	35		1.09	

由表4-30可见，磷渣水泥抗蚀系数不但明显高于纯硅酸盐水泥，同时其也高于同掺量矿渣、粉煤灰以及火山灰水泥。可以看出，磷渣作混合材掺入水泥中，水泥抗硫酸盐侵蚀能力明显增强，且磷渣抗硫酸盐侵蚀能力高于矿渣、粉煤灰、火山灰等其他混合材料。形成此结果的原因，是由于水泥抗硫酸盐侵蚀能力主要取决于C_3A（铝酸三钙）和C_3S（硅酸三钙）含量。因而，降低水泥中C_3A和C_3S的含量，有利于提高水泥及混凝土抗硫酸盐侵蚀能力。由于磷渣中Al_2O_3偏低，因而其形成水化铝酸盐数量相对较少，有利于提高水泥抗硫酸盐侵蚀能力。

（三）对水泥力学性能的影响

图4-58和图4-59为不同产地、不同掺量的磷渣硅酸盐水泥早期和后期强度比较[20]。

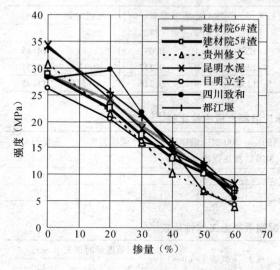

图4-58 磷渣掺量与水泥3d强度关系[23]

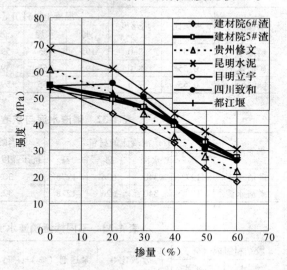

图4-59 磷渣掺量与28d强度关系[23]

由图可见，随磷渣掺量增大，水泥早期（3d）强度基本呈直线下降，而后期（28d）强度基本在掺量大于20%后下降趋势增大。此外，不同产地磷渣活性也不尽相同，如磷渣掺量为50%时，水泥3d抗压强度变化在6.9～13MPa，28d抗压强度变化在24～38MPa。

图4-60为任意两种磷渣与矿渣水泥后期（90d）强度增进率比较。从中可以看出，掺入

磷渣的水泥后期强度增长率明显高于矿渣，且随磷渣掺量的增大，其增长率显著增强。

吴秀俊对磷渣硅酸盐水泥水化动力学和水化产物进行系统研究。结果表明[15]，磷渣水泥水化形成的水化硅酸钙由高碱度水化硅酸钙和低碱度水化硅酸钙组成。由于磷渣中的硅灰石玻璃体具有较高的凝聚程度和最终强度，因而磷渣玻璃体水化缓慢，3~7d 时仍没有明显的水化特征；28d 时水化才较为明显，反映在磷渣水泥上，则为水泥早期强度较低，后期强度增进率较大。

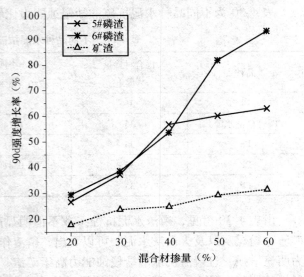

图 4-60 磷渣与矿渣水泥后期强度增进率比较

（四）磷渣水泥对混凝土性能的影响

表 4-31 ~ 表 4-33 和图 4-61 为掺加磷渣混凝土的性能[22,24]。从结果看出，磷渣水泥配制混凝土的凝结时间与其他水泥相比略有延长，早期强度较低；但其后期强度增进率高，水化热低，且混凝土耐蚀、抗冻性能等均优于同掺量矿渣水泥，28d 混凝土干缩率远小于硅酸盐水泥混凝土，适用于大体积混凝土以及水工混凝土工程建设的需要。此外，水泥中磷渣的掺入，也有利于改善水泥混凝土工作性。

表 4-31 不同品种水泥混凝土凝结时间及干缩性比较[22]

水泥品种	水灰比	坍落度	混凝土材料用量（kg）				28d 强度（MPa）	干缩率（%）（28d）	凝结时间（h: min）	
			水	水泥	砂	石			初凝	终凝
磷渣水泥	0.55	8.0	195	355	592	1258	35.1	0.097	11:30	14:45
矿渣水泥	0.55	8.0	195	355	592	1258	35.9	0.117	10:12	12:51
硅酸盐水泥	0.55	7.5	195	355	592	1258	41.9	0.216	8:05	11:45

表 4-32 磷渣水泥与矿渣水泥混凝土抗冻性比较[22]

水泥品种	1m³ 混凝土的材料				相当龄期的抗压强度（MPa）	100 次冻融循环抗压强度（MPa）	抗压强度损失（%）	重量损失（%）
	水	水泥	砂	石				
磷渣水泥	197	340	626	1278	30.3	30.4	+0.32	0
矿渣水泥	197	340	626	1278	32.1	33.0	+2.76	0

表 4-33 不同掺量磷渣水泥配制混凝土工作性比较[24]

胶结材组成（%）		水胶比	泵送剂（%）	砂率（%）	扩展度（mm）	坍落度经时损失（mm）		
水泥	磷矿渣					初始	60min	120min
100	0	0.35	2.2	34	475	205	115	96
80	20	0.35	2.2	34	545	230	215	170
70	30	0.35	2.2	34	595	230	215	205
60	40	0.35	2.2	34	605	250	225	220
50	50	0.35	2.2	34	635	240	235	215

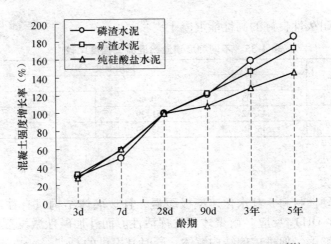

图 4-61　不同品种水泥制备混凝土的强度增长率[22]

七、磷渣的改性

由于磷渣中 P_2O_5 有害成分等影响因素，磷渣掺入水泥中，水泥早期强度低，凝结时间缓慢，严重制约了其作为混合材在水泥中的大量应用。

为了提高磷渣资源的利用率，不少学者对磷渣活性的改性进行了深入研究。当前对于磷渣的活性改性，主要包括以下两种途径：

1. 机械活化

机械活化，主要是通过超细粉磨方式提高磷渣及磷渣水泥物理性能。磷渣粉磨细度对其活性发挥有较大影响。磷渣颗粒粉磨越细，则其参与水化反应的比表面积也就越大，单位面积参与反应的粒子数目增多；同时，粉磨细度的增大，还使磷渣玻璃体的断裂键增多，与水泥水化产物 $Ca(OH)_2$ 反应程度增强，有利于加快玻璃体结构的解体，推动水化反应进程，提高了磷渣反应活性以及其水化产物生成数量。此外，粉磨细度的增加，还将产生大量微细粉，填充于水泥颗粒间，提高水泥石密实度，改善孔结构，有利于水泥和混凝土强度发展。表 4-34 为不同细度磷渣水泥物理性能比较。

表 4-34　不同粉磨比表面积磷渣对水泥性能的影响

比表面积 掺量	抗压强度（MPa）						凝结时间（h：min）					
	3d			28d			初凝			终凝		
	300	350	450	300	350	450	300	350	450	300	350	450
20%	21.4	25.5	29.6	42.8	49.2	55.6	5：45	4：55	4：36	6：40	6：02	5：40
30%	17.0	21.0	25.7	39.7	46.6	54.4	6：24	5：09	4：26	7：44	6：41	5：58
40%	13.3	16.2	20.7	35.7	40.8	50.9	7：26	5：45	5：17	8：23	7：15	6：47
50%	8.9	12.4	14.5	28.8	34.9	42.6	7：20	6：40	6：10	8：35	8：05	7：10

由上表可以看出：随着磷渣比表面积的增大，水泥 3d 和 28d 抗压强度均有所提高；同时，随着比表面积的增大，磷渣水泥凝结时间均有所缩短，缩短幅度约 100min 左右。

表 4-35 为同样掺量下不同细度磷渣粉混凝土强度比较。从中可以看出，磷渣比表面积增大，混凝土早期及后期强度均有较大提高。同时，利用磷渣超细粉还可配制出工作性好、

61

强度高、抗裂性和耐久性良好的高性能混凝土[25,26]。

表 4-35　不同细度磷渣粉混凝土强度比较[27]

磷渣比表面积（m²/kg）	抗压强度（MPa）			
	3d	7d	28d	60d
422	41.03	50.40	67.96	77.88
515	43.32	51.29	68.70	78.56
612	45.56	53.20	71.69	81.40

2. 化学活化激发

（1）强碱性激发

磷渣属潜在水硬性材料，其水化速率极缓慢，且玻璃体结构只有在碱性环境下［与水泥熟料水化形成 $Ca(OH)_2$ 反应］解聚才可发挥活性。而外加碱性激发剂的引入，将加快成磷渣玻璃体结构的解聚，促进玻璃结构解体；同时其提供的 Ca^{2+}、Na^+ 等阳离子造成了液相中水化硅酸盐的过饱和度，促使了水化产物的成核和发展，有利于水泥早期性能提高。因而，当前磷渣的活性激发多采用强碱性激活的方法。

研究表明[28,29]，在磷渣水泥中掺入适量烧石膏与明矾石或硫酸钠复合外加剂，可以提高水泥早期及后期强度。同时，李东旭等[28]认为磷渣与矿渣化学成分相比，铝含量偏低，反应生成钙矾石数量较少，因而补充含铝的外加剂，尤其是含硫铝酸钙和氟铝酸钙等早强性复合外加剂，有利于大大增强磷渣水泥早期强度。近年，程麟[29]研究证实磷渣水泥中掺加合成外加剂3％时，凝结时间可缩短100min，且掺量增大凝结时间缩短越明显。然而，碱性复合激发剂的加入，会增加水泥中碱含量，易对水泥和混凝土耐久性造成负面影响。

（2）钙质和硅铝质材料改良

磷渣中钙质和硅铝质材料的引入，是对磷渣活性化学激发的又一有效途径。这是因为一些工业废渣含活性 Ca^{2+}、OH^-、Al^{3+}、Si^{2+} 等离子，其按一定比例优化复合，可为磷渣水泥的二元水化体系补充足量的 $Ca(OH)_2$ 以及活性 Al_2O_3、SiO_2 等活性组分，不仅使磷渣中可溶磷形成难溶磷酸盐，在一定程度上降低有害成分对水泥凝结时间的影响，见图 4-62、图 4-63；同时多元复合体系也提高了液相 OH^- 离子浓度，也促进水化过程中 $Ca(OH)_2$ 析晶成核，加快了水泥水化进程，促进磷渣玻璃体网络结构的解聚；并补充了磷渣不足的 Al_2O_3 含量，有助于 AFt 的形成，利于水泥早期强度的提高，见图 4-64 和图 4-65。

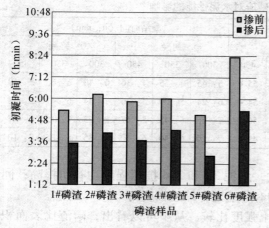

图 4-62　改性前后水泥初凝时间比较

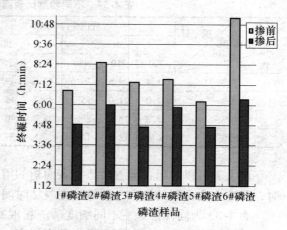

图 4-63　改性前后水泥终凝时间比较

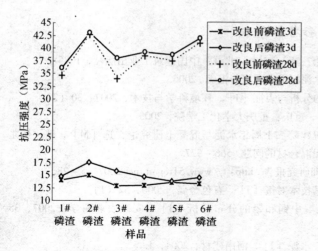
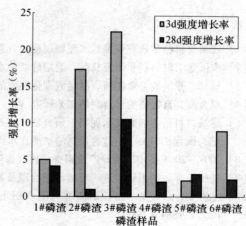

图 4-64　改性前后水泥强度变化　　　　　图 4-65　改性前后强度增长率

由上图可见，未掺改性材料前，不同品质的磷渣水泥凝结时间均较长，初凝时间最长可达 8h 以上，终凝时间达 11h 左右；掺加改性材料后，磷渣水泥初凝和终凝时间均大幅缩短，其中初凝时间平均缩短 2~4h，终凝时间缩短 2~6h（且 6#磷渣水泥凝结时间缩短幅度相对较大）。同时，磷渣改性后，水泥早期强度也有不同程度提高。其中，水泥 3d 强度增长 1~4MPa，强度增进率达 9%~22%；28d 强度增长较缓（约 2MPa 左右），强度增进率较低，约 5% 左右。可以看出，掺入改性材料后磷渣水泥凝结硬化速度有所加快。

值得一提的是，机械活化与化学激发相结合，可成倍提高活化反应效率，极大促进磷渣及磷渣水泥早期水化。

为此，GB/T 6566—2008 标准中允许"通过经试验证明对水泥和混凝土性能无害的掺入少量钙质和硅铝质材料对磷渣性能进行优化"，以提高磷渣在水泥工业中的利用率。

参考文献

[1] 建筑材料科学研究院编.水泥物理检验（第三版）[M].北京：中国建筑工业出版社，1985.

[2] 中国建筑材料科学研究总院.通用硅酸盐水泥标准宣贯资料汇编.2006.

[3] 杨林，张洪波，曹建新.硅锰渣理化性质的分析与表征[J].环境科学与技术，2007，30（2）.

[4] 原金海.富锰渣的综合利用工艺研究[D].重庆：重庆大学化工学院，2005.

[5] 建筑材料科学研究院水泥科学研究所.庆祝建院三十周年水泥与混凝土研究论文选[M].见：吴兆正，徐意长.关于用锰含量高的矿渣作水泥混合材的问题.566－577.

[6] 2007－2008年中国铅锌产业调查与投资咨询研究报告.http：//www.51report.net 2007－5－28.

[7] 杨晓松.铜铅锌冶炼厂环境污染治理及其技术对策[J].有色金属，2000，52（1）.

[8] 毛海立，余荣龙.铅锌矿渣堆周围农田土壤中铜和铅的分布分析[J].安徽农业科学，2007，35（25）：7884－7885.

[9] 李文亮.用冶炼铅锌废渣作铁质原料生产水泥[J].河南建材，2004，1.

[10] 沈威，黄文熙，闵盘荣.水泥工艺学[M].北京：中国建筑工业出版社，1986.

[11] 李新，张雪晶，刘晓杰，刘琳琳.增钙液态渣的基本性能研究[J].粉煤灰综合利用，2007，1.

[12] 孙振民.增钙液态渣做混合材的应用[J].山东建材，1996，4.

[13] 唐国宝，杨玉颖.掺化铁炉渣超细粉的混凝土胶结料性能研究[J].混凝土与水泥制品，1999，6.

[14] 邱德荣.利用钢铁厂化铁炉渣生产混凝土优质掺合料[J].中国建材科技.2005，2.

[15] 吴秀俊.磷渣硅酸盐水泥的水化硬化[J].新世纪导报，2003，3：21－24.

[16] 刘冬梅，方坤河，杨华山.磷渣掺合料及其对水泥水化性能的影响[J].水泥工程，2007，2：74－77.

[17] Shi C.Qian J.High performance cementing materials from andustrial slag-a review[J].Resource Conservation and Recyling，2000（29）：195－207.

[18] 史才军.磷渣活性激发的研究[D].南京：南京工学院，1987.

[19] 毛良喜.磷渣水泥的研究[D].南京：南京化工大学，1997.

[20] 翟红侠，缪绍锋.磷渣硅酸盐水泥水化反应机理研究[J].合肥工业大学学报（自然科学版），1998，21（2）：132－136.

[21] 程麟，盛广宏，皮艳灵等.磷渣对硅酸盐水泥的缓凝机理[J].硅酸盐通报，2005，（4）：40－44.

[22] 颜碧兰，王昕，吴秀俊等.JC/T 740《用于水泥中粒化电炉磷渣》标准修订审议资料汇编（内部）.北京：中国建筑材料科学研究总院，2005.

[23] 王昕，颜碧兰，江丽珍.磷渣硅酸盐水泥物理性能及其改善途径初探[J].水泥，2006，6：3－9

[24] 栗静静.磷矿渣掺合料对混凝土性能影响的研究.重庆：重庆大学材料科学与工程学院，2007.

[25] 刘秋美，曹建新，杨林.磷渣粉对高性能混凝土性能影响的研究[J].混凝土，2007，6：54－55.

[26] 陈霞，曾力，方坤河.关于磷渣粉应用问题的探讨[J].混凝土，2007，2：41－44.

[27] 刘秋美，曹建新，杨林.激发剂对磷渣混凝土强度的影响[J].建材技术与应用，2007，8：5－7.

[28] 李东旭.高掺量矿渣、磷渣生态水泥的研究[D].南京：南京化工大学，1998.

[29] 程麟，盛广宏，皮艳灵.磷渣对硅酸盐水泥凝结时间的影响及机理[J].南京工业大学学报，2004，5（26）：5－8.

第五章　具有火山灰活性的工业废渣

第一节　概　述

火山灰质材料是水泥工业使用最早的材料之一，是天然或人工材料的总称。火山灰质混合材料的化学组成、矿物组成、结构特点见第二章第三节。

由于火山灰质材料的性质差异比较大，对水泥性能的影响存在差异。但总体来讲，火山灰质混合材料具有如下特点（见图5-1）[1]：

（1）降低水泥的水化热；

（2）改善水泥的抗渗性和抗淡水溶析性；

（3）提高水泥的抗硫酸盐侵蚀能力；

（4）降低水泥的抗大气能力；

（5）降低水泥的抗冻融能力；

（6）提高水泥的和易性，降低水泥的泌水量；

（7）一般增大水泥的干缩率。

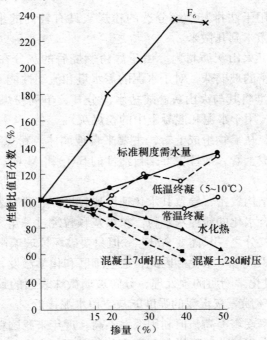

图 5-1　火山灰质混合材料掺量对水泥性能的影响[1]

我国国家标准 GB/T 2847《用于水泥中的火山灰质混合材料》对火山灰质材料的主要技术要求见表5-1。

表 5-1 火山灰质材料的主要技术要求

项　目	技术要求
烧失量，不大于　　　（%）	10.0
三氧化硫，不大于　　（%）	3.5
水泥胶砂 28d 抗压强度比，不小于　　（%）	65

在技术要求中，烧失量是为了限制人工火山灰中的未燃尽碳量。因为，人工火山灰都经过高温煅烧，而未燃尽碳质轻而多孔，吸水性强，对水泥、混凝土的耐久性造成危害。而三氧化硫则是为了限制火山灰中的硫化物对水泥体积安定性的影响。

第二节　粉　煤　灰

一、概述

粉煤灰又称飞灰，它是燃煤电厂中细磨煤粉在室燃炉中燃烧后，经锅炉收尘器所捕集的烟道气中的微细粉尘。随着我国工业的发展，粉煤灰的排量逐年增加，2002 年我国排放粉煤灰 15722 万 t，利用率 68.31%，堆存 53883 万 t。

粉煤灰的主要化学成分为 SiO_2、Al_2O_3 和 Fe_2O_3，其 CaO 的含量比较低，一般小于 10%。在矿物组成上，粉煤灰是一种典型的非均质物质，含有未燃尽的碳、未发生变化的矿物（如石英等）和碎片等。

现在，粉煤灰多采用干法排灰，经分选的粉煤灰具有较高的细度，比表面积在 250～700m^2/kg，尺寸从几百微米到几微米。

粉煤灰是典型的人工火山灰质材料。由于煤粉燃烧后的灰分在高温的作用下，熔融收缩，大部分形成结构致密的玻璃珠，对于水泥的需水量和流动性能不同于一般的火山灰质材料，1977 年我国水泥标准将其与火山灰硅酸盐水泥分开，单列粉煤灰硅酸盐水泥，1979 年制定国家标准 GB 1596《用于水泥和混凝土中的粉煤灰》。

粉煤灰的活性来源，从矿物组成上看，主要来自玻璃体。粉煤灰中的玻璃体含量越高，活性也越高。从化学组成上看，活性主要来自活性的 SiO_2 和 Al_2O_3，活性组分越多，粉煤灰的活性就越高。

但粉煤灰的玻璃体结构致密，导致其水化速度比较慢。有研究表明，在水化一个月的水泥浆体中，仍可发现没有水化的粉煤灰颗粒。粉煤灰颗粒经过一年大约只有三分之一进行了水化，而矿渣颗粒水化三分之一只需要 90d[1]。但只要破坏掉玻璃微珠的致密外壳，将内部暴露出来，粉煤灰就能积极参与水化。因此，通过细磨和化学激发，是提高粉煤灰活性的有效方法。文献 [2] 通过化学物质的预处理，分解玻璃微珠表面的致密结构，能使粉煤灰的活性大幅度提高，掺 30% 粉煤灰水泥的强度能与空白水泥接近。

粉煤灰的综合利用率逐年提高，但利用效率不高。近年来我国粉煤灰综合利用取得了较大成效，特别是上海、南京等地的粉煤灰利用率年年超过 100%，综合利用成就很大，但大量的只是利用原灰作填充土回填、代替黏土和砂石作土建原材料，部分用于制造砖、砌块和板材等墙体材料，或用于水泥作混合材，以及用于混凝土作掺合料。更高级资源化利用产品不多，资源利用率高而利用效率不高。

二、技术要求

GB/T 1596—2005《用于水泥和混凝土中的粉煤灰》对用于水泥中的粉煤灰的技术要求见表5-2。由于粉煤灰隶属于火山灰质材料，所以对它的技术要求源于 GB/T 2847《用于水泥中的火山灰质混合材料》，但有其独特性，如含水量、游离氧化钙。

表 5-2　用于水泥中的粉煤灰技术要求

项　　目			技术要求
烧失量，不大于	（%）	F 类粉煤灰	8.0
		C 类粉煤灰	
含水量，不大于	（%）	F 类粉煤灰	1.0
		C 类粉煤灰	
三氧化硫，不大于	（%）	F 类粉煤灰	3.5
		C 类粉煤灰	
游离氧化钙，不大于	（%）	F 类粉煤灰	1.0
		C 类粉煤灰	4.0
安定性雷氏夹沸煮后增加距离，不大于（mm）		C 类粉煤灰	5.0
强度活性指数，不小于	（%）	F 类粉煤灰	70.0
		C 类粉煤灰	

在技术要求中，烧失量是为了限制粉煤灰中的未燃尽碳量。未燃尽碳质轻而多孔，吸水性强，对水泥、混凝土的耐久性造成危害。而三氧化硫则是为了限制粉煤灰中的硫化物对水泥体积安定性的影响。

三、粉煤灰对水泥性能的影响

2004 年中国建筑材料科学研究总院在进行 GB 175 等三个通用水泥产品标准修订时，就粉煤灰对水泥性能的影响规律进行了研究[3]，现就混合粉磨样品的性能规律介绍如下：

1. 对水泥标准稠度用水量的影响

粉煤灰对水泥标准稠度用水量的影响见图 5-2。从图中结果看出，水泥的标准稠度用水量基本随掺量的增加而线性增大。

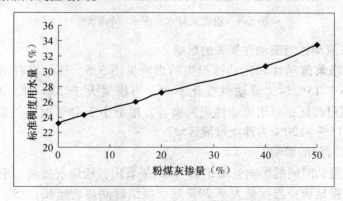

图 5-2　粉煤灰对水泥标准稠度用水量的影响

2. 对水泥胶砂单位流动度需水量的影响

粉煤灰对水泥胶砂单位流动度需水量的影响见图5-3。从图中看出，当粉煤灰掺量小于20%时为一变化规律，掺量大于20%时为一变化规律，在两种规律中都随掺量的增加而增大；15%～20%为性能过渡区域。

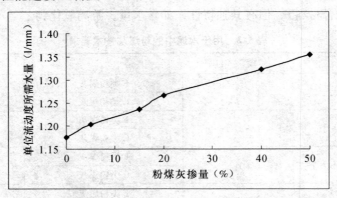

图 5-3　粉煤灰对水泥胶砂单位流动度需水量的影响

3. 对水泥保水率的影响

粉煤灰对水泥保水率的影响见图5-4。从图中看出，粉煤灰掺量小于15%时和大于20%时，保水率随粉煤灰掺量的增加而增加；但在15%和20%之间出现一个阶梯性的下降。

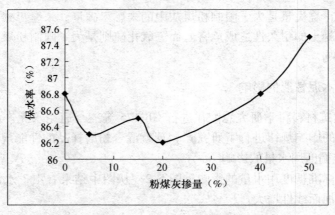

图 5-4　粉煤灰对水泥保水率的影响

4. 对水泥净浆流动性与流动性损失的影响

粉煤灰对水泥净浆流动性和流动性损失的影响见图5-5。从结果看出，对于流动性而言，粉煤灰掺量小于15%时，流动性变化不大，当掺量大于20%时，流动性变化加剧，15%和20%为性能过渡区；对于流动性损失而言，掺量小于15%时为正损失，当掺量大于20%时为负损失，15%和20%为性能过渡区域。

5. 对水泥凝结时间的影响

粉煤灰对水泥凝结时间的影响见图5-6。从结果看出，粉煤灰掺量小于15%时，随掺量增加，凝结时间缓慢延长；当掺量大于20%后，凝结时间显著延长；15%和20%之间是一个转换区间。

68

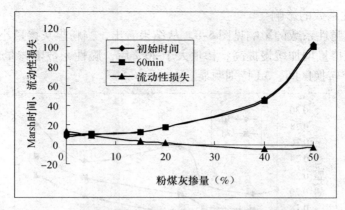

图 5-5　粉煤灰对水泥净浆流动性和流动性损失的影响

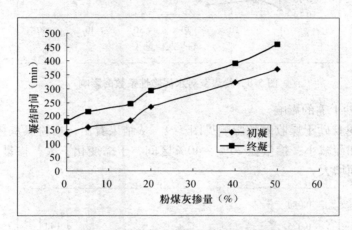

图 5-6　粉煤灰对水泥凝结时间的影响

6. 对水泥强度的影响

粉煤灰对水泥强度的影响见图 5-7。从结果看出，当掺量小于 15% 时，强度变化不大；掺量大于 20% 后，强度随掺量的增加下降迅速。15% 和 20% 是一个转换区间，3d 特别明显。

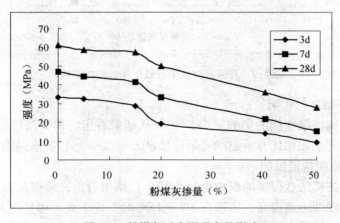

图 5-7　粉煤灰对水泥强度的影响

7. 对水泥脆性系数的影响

粉煤灰对水泥脆性系数的影响见图5-8。从结果看出，当粉煤灰掺量小于15%时，脆性系数变化不大，随掺量增加缓慢提高；掺量大于20%后，脆性系数随掺量的增加迅速提高。15%和20%是一个转换区间，3d特别明显。

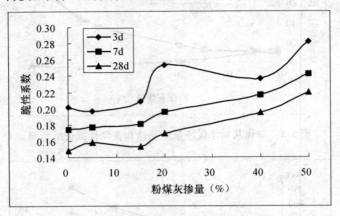

图 5-8 粉煤灰对水泥脆性系数的影响

8. 对水泥胶砂干缩的影响

粉煤灰对水泥胶砂干燥收缩的影响见图5-9。从结果看出，当粉煤灰掺量小于20%时，干缩随掺量的增加而减小；掺量在20%～40%区间，干缩变化不大；掺量大于40%后，干缩又随掺量增加而增大。

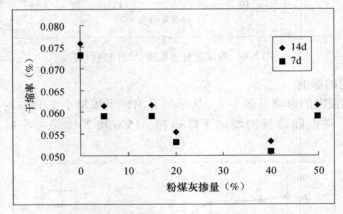

图 5-9 粉煤灰对水泥胶砂干燥收缩的影响

9. 对水泥抗冻融性的影响

粉煤灰对水泥抗冻融性能的影响见图5-10。从结果看出，粉煤灰掺量小于15%时，变化不大，但与不掺的水泥相比有一定的差距；掺量大于20%后，抗冻融能力迅速下降。

10. 对水泥抗硫酸盐侵蚀的影响

粉煤灰对水泥抗硫酸盐侵蚀的影响见图5-11。从结果看出，粉煤灰掺量小于5%时随掺量的增加抗硫酸盐侵蚀迅速提高，掺量在5%～15%时变化不大，掺量在15%～20%时抗硫酸盐侵蚀性能突变，掺量大于20%后基本随掺量的增加抗硫酸盐侵蚀提高。

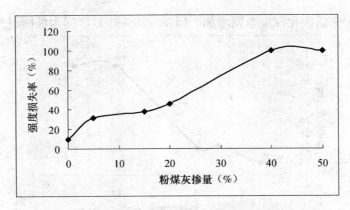

图 5-10　粉煤灰对水泥抗冻融性能的影响

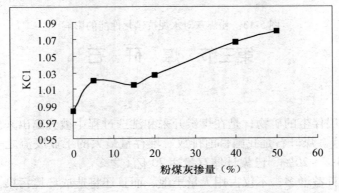

图 5-11　粉煤灰对水泥抗硫酸盐侵蚀的影响

11. 对水泥抗 HCl 侵蚀的影响

粉煤灰对水泥抗 HCl 侵蚀的影响见图 5-12。从结果看出，粉煤灰掺量小于 15% 时一个随掺量的增大而减小，一个变化不大，掺量在 15%～20% 时为一个转折点，掺量在 20%～40% 时随掺量的增加而迅速增大，大于 40% 时基本不变。

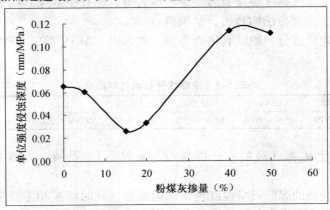

图 5-12　粉煤灰对水泥抗 HCl 侵蚀的影响

12. 对水泥抗碳化性能的影响

粉煤灰对水泥抗碳化性能的影响见图 5-13。从结果看出，粉煤灰掺量小于 15% 时变化不大，掺量大于20%后碳化深度急剧增加，15%～20%掺量区间为性能过渡区域。

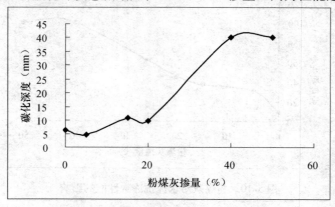

图5-13　粉煤灰对水泥抗碳化性能的影响

第三节　煤 矸 石

一、概述

煤矸石是与煤层伴生的矿物，是在煤炭开采和洗选过程中被分离出来的废弃岩石，煤矿上常称之为"夹矸"。煤矸石是我国目前排放、堆存量最大的工业废渣之一。煤矸石排放量约占原煤产量的15%～20%，已累计储存量达70亿t之多。

煤矸石的堆积日益增多，不仅占用大量土地，而且还将造成环境污染。例如，雨天对煤矸石山的冲刷，将会造成河流淤泥的积存和硫分对水质的酸化污染；煤矸石内部热量聚集，温度升高达到燃点会引起煤矸石的自燃。当煤矸石中的 FeS_2 含量较高时，还将产生 SO_2 污染空气。

二、煤矸石的化学组成及矿物组成

煤矸石实际上是含碳物（碳质页岩、碳质砂岩等，还有少量煤）与岩石（页岩、砂岩、砾岩等）的混合物，大部分结构致密，呈黑色。

煤矸石的主要化学成分一般以氧化物为主，如 SiO_2、Al_2O_3 等，未燃煤矸石的化学成分见表5-3。

表5-3　未燃煤矸石的化学成分

组成	烧失量	SiO_2	Al_2O_3	Fe_2O_3	CaO	MgO	R_2O
含量范围	15%～30%	35%～60%	15%～25%	3%～5%	0.5%～2.0%	0.5%～1.5%	1.5%～2.5%

矿相主要由黏土矿物（高岭石、伊利石、蒙脱石）、石英、方解石、硫铁矿及碳质组成。

自燃或经人工煅烧的煤矸石呈浅红色，结构疏松。此时的矿相主要为脱水的黏土矿物，如偏高岭土、无定形 SiO_2 和 Al_2O_3，以及少量的赤铁矿、石英等。

三、煤矸石在水泥行业中的利用

自燃或经人工煅烧的煤矸石为火山灰质混合材料，是 GB/T 2847《用于水泥中的火山灰质材料》规定的人工火山灰质材料之一。其活性由于煤矸石的成分不同、自燃或煅烧温度的不同而存在差异。

四、对水泥性能的影响规律

2004 年中国建筑材料科学研究总院在进行 GB 175 等三个通用水泥产品标准修订时，就煤矸石对水泥性能的影响规律进行了研究[3]，现就混合粉磨样品的性能规律介绍如下：

1. 对水泥净浆流动性与流动性损失的影响

煤矸石对净浆流动性与流动性损失的影响见图 5-14。从结果看出，对于流动性而言，煤矸石掺量小于 15% 时，流动性变化不大，当掺量大于 20% 时，流动性变化加剧，15% 和 20% 为性能过渡区；对于流动性损失而言，煤矸石掺量小于 15% 时为正损失，当掺量大于 20% 时经时损失减小，15% ~ 20% 为性能过渡区域。

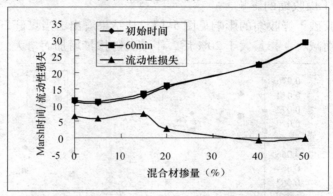

图 5-14 煤矸石对净浆流动性与流动性损失的影响

2. 对水泥胶砂流动度需水量的影响

煤矸石对流动度需水量的影响见图 5-15。从结果看出，对于煤矸石而言，当掺量小于 20% 时为一变化规律，掺量大于 20% 时为一变化规律，在两种规律中都随掺量的增加而增大；15% ~ 20% 为性能过渡区域。

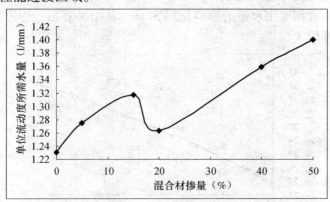

图 5-15 煤矸石对流动度需水量的影响

3. 对水泥保水率的影响

煤矸石对水泥保水率的影响见图 5-16。从结果看出，煤矸石掺量小于 15% 时和大于 20% 时，保水率随掺量的增加而提高，在 15% 和 20% 之间变化不大。

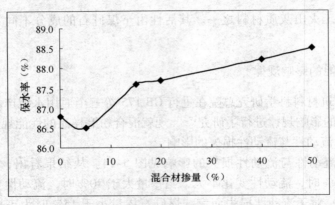

图 5-16　煤矸石对水泥保水率的影响

4. 对水泥胶砂干燥收缩的影响

煤矸石对水泥胶砂干燥收缩的影响见图 5-17。从结果看出，当煤矸石掺量小于 20% 时，干缩随掺量的增加而减小；掺量大于 20% 后，干缩又随掺量增加而增大。

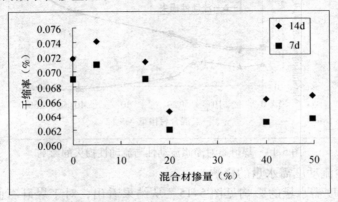

图 5-17　煤矸石对水泥胶砂干燥收缩的影响

5. 对水泥标准稠度用水量的影响

煤矸石对水泥标准稠度用水量的影响见图 5-18。从结果看出，标准稠度用水量随煤矸石掺量的增加而线性增大。

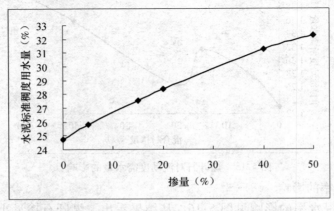

图 5-18　煤矸石对水泥标准稠度用水量的影响

74

6. 对水泥凝结时间的影响

煤矸石对水泥凝结时间的影响见图 5-19。从结果看出，煤矸石掺量小于 15% 时，凝结时间随掺量增加缓慢延长；当掺量大于 20% 后，凝结时间显著延长；15% 和 20% 之间为性能过渡区域。

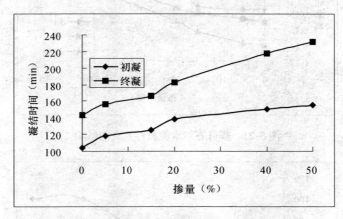

图 5-19　煤矸石对水泥凝结时间的影响

7. 对水泥强度的影响

煤矸石对水泥强度的影响见图 5-20。从结果看出，当煤矸石掺量小于 5% 时，强度变化不大；掺量为 5% ~20% 时，强度随掺量增加下降迅速；掺量大于 20% 后，强度随掺量的增加下降又趋于平缓。15% ~20% 为性能过渡区域，3d 特别明显。

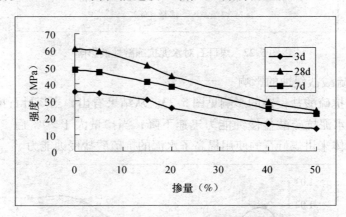

图 5-20　煤矸石对水泥强度的影响

8. 对水泥脆性系数的影响

煤矸石对水泥脆性系数的影响见图 5-21。从结果看出，当煤矸石掺量小于 15% 时，脆性系数变化不大，随掺量增加缓慢提高；掺量大于 20% 后，脆性系数随掺量的增加迅速提高，但到 40% 后又趋于平缓。15% ~20% 为性能过渡区域，3d 特别明显。

9. 对水泥抗冻融性的影响

煤矸石对水泥抗冻融性的影响见图 5-22。从结果看出，当煤矸石掺量小于 15% 时，抗冻融性缓慢下降，大于 20% 后，抗冻融性迅速下降，在 15% 和 20% 之间，基本没有变化。

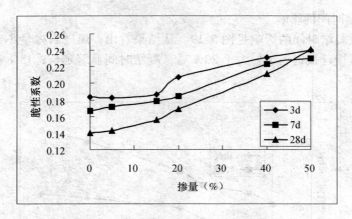

图 5-21 煤矸石对水泥脆性系数的影响

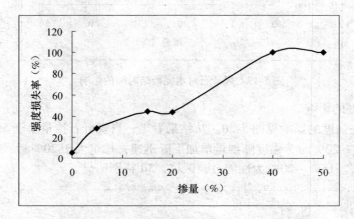

图 5-22 煤矸石对水泥抗冻融性的影响

10. 对水泥抗硫酸盐侵蚀的影响

煤矸石对水泥抗硫酸盐侵蚀的影响见图 5-23。从结果看出，当煤矸石掺量小于 20% 时，随煤矸石掺量增加水泥抗硫酸盐侵蚀能力迅速下降；当掺量大于 20% 后，抗硫酸盐侵蚀能力迅速提高。但总体来讲煤矸石的使用提高了水泥的抗硫酸盐侵蚀能力。

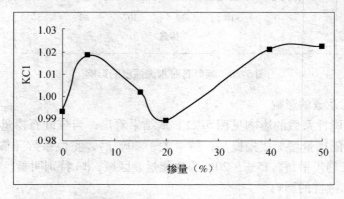

图 5-23 煤矸石对水泥抗硫酸盐侵蚀的影响

11. 对水泥抗 HCl 侵蚀的影响

煤矸石对水泥抗 HCl 侵蚀的影响见图 5-24。从结果看出，煤矸石对抗 HCl 侵蚀的影响基本没有，只有掺量大于 40% 时才降低水泥的抗 HCl 侵蚀能力。

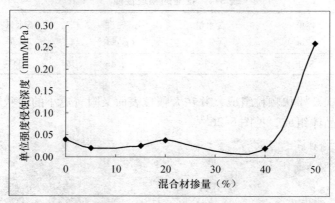

图 5-24　煤矸石对水泥抗 HCl 侵蚀的影响

12. 对水泥抗碳化性能的影响

煤矸石对水泥抗碳化性能的影响见图 5-25。从结果看出，煤矸石掺量小于 15% 时，随掺量的增加碳化深度有所增加，掺量大于 20% 后碳化深度急剧增加。15% ~ 20% 掺量区间为性能过渡区域。

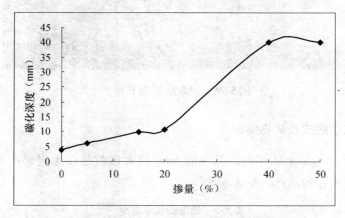

图 5-25　煤矸石对水泥抗碳化性能的影响

第四节　锂　　渣

一、概述

碳酸锂渣（简称锂渣）是硫酸法生产碳酸锂过程中产生的废渣，即生产碳酸锂过程中，碳酸锂熟料经过浸出过滤洗涤后排出的残渣。

我国每年约排放锂渣 15 万 t。以我国最大的锂盐厂——新疆锂盐厂为例，每年排放锂渣 10 万 t，截至 1999 年底已堆存废渣近 150 万 t，占地 1.3 万 m²。

锂渣外观呈土黄色，无水硬性，在自然干燥条件下含有一定水分，烘干后呈粉末状，颗粒较小，其物理性能见表5-4[4]。它是一种具有较大内表面积的多孔结构，多半呈玻璃状。锂渣的多孔结构，使其对水有较大的吸附能力。

表5-4　锂渣的物理性能[4]

细度（%） （0.08mm 筛筛余）	容重 （kg/m³）	含水量 （%）	密度 （g/cm³）	需水量 （%）	28d 抗压强度比 （%）
4.6	890	<1	2.46	104	112

锂渣主要由块状及棒状颗粒组成，并在大颗粒表面又附着更小的块状颗粒，这些主要是由不规则晶体及微晶体组成，见图5-26[5]。

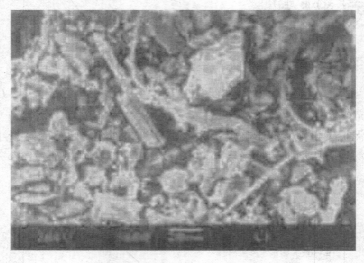

图 5-26　锂渣原灰 SEM 图[5]

二、锂渣的化学组成及矿物组成

锂渣的化学成分与黏土质相似，其中的 SiO_2 绝大多数是以无定形的 SiO_2 的形式存在，因而使得锂渣具有很好的活性，见表5-5[6]。

表5-5　锂渣的化学成分[6]　　　　　　　　　　　　　　　%

烧失量	SiO_2	Al_2O_3	Fe_2O_3	CaO	MgO	SO_3	K_2O	Na_2O	其他
7.14~9.27	55.60~58.54	17.91~19.41	1.50~2.68	6.16~8.40	0.00~1.17	3.90~8.34	0.08~0.45	0.08~0.39	0.02~0.73

锂渣经岩相分析及 X-射线衍射分析结果表明，其主要矿物组成[4]为：

SiO_2：40%；方解石（$CaCO_3$）：12%；石膏（$CaSO_4 \cdot 2H_2O$）：14%；刚玉（Al_2O_3）：6%；三水铝石（$Al_2O_3 \cdot 3H_2O$）：12%；红柱石（Al_2O_3）：11%。其他还有少量玻璃相、高岭石及极少量的碳酸锂（Li_2CO_3）。

编者对新疆锂渣的 X-射线分析见图5-27。分析结果表明，新疆锂渣的矿物成分有二水石膏、莫来石和硅铝酸盐（$CaAl_2Si_2O_8$）。与资料上的介绍有所差异，这可能是由于锂渣的堆存时间不同，矿物分解造成。

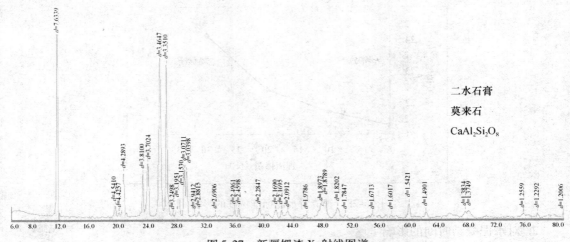

二水石膏
莫来石
$CaAl_2Si_2O_8$

图 5-27　新疆锂渣 X-射线图谱

三、锂渣的活性

锂渣是一种高活性的火山灰质材料，见表 5-6。其活性主要来自无定形的硅、铝，同时颗粒细小的化学硫酸钙也为强度的发挥起到一定的作用。

表 5-6　锂渣的 28d 抗压强度比

项目	空白水泥	掺 30% 锂渣的水泥
胶砂流动度（mm）	200.5	205
28d 抗压强度（MPa）	44.2	40.8
28d 抗压强度比（%）	92.3	

四、锂渣在建材行业中的利用

在锂渣对水泥混凝土性能上，利用锂渣制备的水泥具有水化热低、保水性好的特点。同时，研究表明，锂渣对提高混凝土的强度有明显的作用，采用锂渣或锂渣和其他工业废渣复合配制的混凝土流动性大，坍落度损失小。混凝土的抗冻性好，具有抵御 300 次快速冻融循环的能力[7]。在机理上，锂盐渣能够明显改善掺合料浆体的界面结构，这是该复合掺合料活性提高的重要原因[5]。

为了充分利用锂渣资源，新疆水泥厂（天山水泥股份有限公司）制定了《锂渣硅酸盐水泥》企业标准[6]；新疆锂盐厂制定了 Q/LY01-2005《锂硅粉》企业标准，生产系列等级品。精品应用于商品混凝土及水利、道路等特性混凝土，粗品应用于水泥。

五、锂渣对水泥性能的影响

（一）对水泥使用性能的影响

1. 对水泥标准稠度的影响

锂渣对水泥标准稠度的影响见图 5-28。从图中结果看出，由于锂渣本身所具有的巨大比表面积，水泥的需水量随着锂渣掺量的增加而增大，特别是掺量大于 20% 后，增加的幅度加剧。

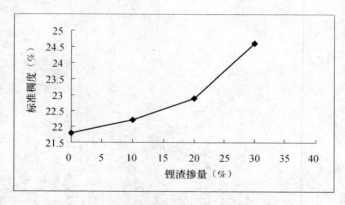

图 5-28　锂渣对水泥标准稠度的影响

2. 对水泥凝结时间的影响

锂渣对水泥凝结时间的影响见图 5-29。从图中结果看出，凝结时间随着锂渣掺量的增加而延长，但延长的幅度不大。如果考虑锂渣掺量对标准稠度的影响，可以说锂渣对凝结时间的影响很小。

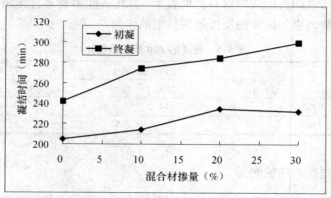

图 5-29　锂渣对水泥凝结时间的影响

3. 对水泥胶砂流动度的影响

锂渣对水泥胶砂流动度的影响见图 5-30。从图中结果看出，随着锂渣掺量的增加，水泥的胶砂流动度反而提高，即使掺 30% 锂渣的流动度比掺 20% 的有所降低，但仍高于空白水泥的流动度。其原因可能在于细小的锂渣在水泥胶砂中起到了润滑剂的作用。

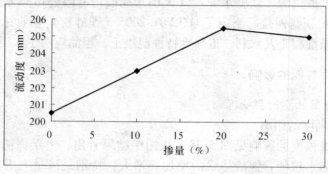

图 5-30　锂渣对水泥胶砂流动度的影响

4. 对水泥与减水剂相容性的影响

锂渣对水泥与减水剂相容性的影响见图 5-31。从图中看出，随着锂渣掺量的增加，浆体的流动性能逐渐降低。但初始流动性降低的幅度没有 60min 降低得多，掺加 30% 锂渣的水泥浆体 60min 后基本不能顺利从 Marsh 筒中流下。其原因是由于锂渣本身所具有的巨大内表面积对减水剂的大量吸附，降低液相和水泥颗粒表面减水剂的量所造成。

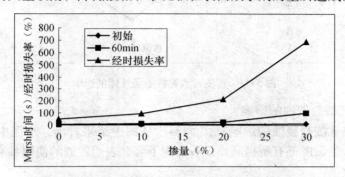

图 5-31　锂渣对水泥与减水剂相容性的影响

（二）对水泥体积稳定性的影响

1. 对水泥安定性的影响

由于在锂渣矿相中没有发现方镁石，同时，在矿相中也没有发现 f-CaO 的存在，因此硫酸渣对水泥的沸煮安定性没有影响。

2. 对水泥胶砂干燥收缩的影响

锂渣对水泥砂浆干缩的影响见图 5-32。从图中结果看出，随着锂渣掺量的增加，水泥砂浆的干缩总体呈现降低的趋势，但 28d 的干缩率却呈现增加的现象。

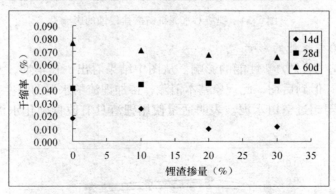

图 5-32　锂渣对水泥砂浆干缩的影响

（三）对水泥耐久性的影响

1. 对水泥抗冻融循环性能的影响

锂渣对制成水泥抗冻融性能的影响见图 5-33。从图中结果看出，锂渣的掺入提高了制成水泥的抗冻融性能，以掺量 20% 时为最佳，即使掺量达到 30% 时，其强度基本也没有损失，表明锂渣在抗冻融性能上优于其他火山灰质材料。其原因是由于锂渣的高活性，使硬化水泥浆体中的孔隙减少。

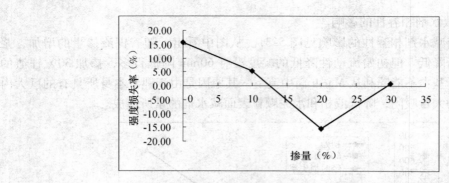

图 5-33 锂渣对水泥抗冻融性能的影响

2. 对水泥抗硫酸盐侵蚀的影响

锂渣对水泥抗硫酸盐侵蚀的影响见图 5-34。从图中结果看出，水泥中掺加锂渣后，硫酸盐溶液养护 90d 的强度都有所提高而没有出现下降，表明锂渣的使用具有显著地改善水泥抗硫酸盐侵蚀的效果。

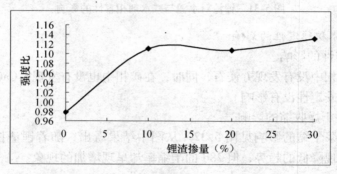

图 5-34 锂渣对水泥抗硫酸盐侵蚀的影响

（四）对水泥力学性能的影响

图 5-35 为锂渣对水泥力学性能的影响。从图中结果看出，在早期，水泥的强度随锂渣掺量的增加而降低；但到后期，此现象基本消除，掺加锂渣的水泥的强度基本和空白水泥持平，到 90d 时，甚至超过空白水泥。表明适量使用锂渣具有改善硬化水泥浆体孔结构的作用，使其更加密实。

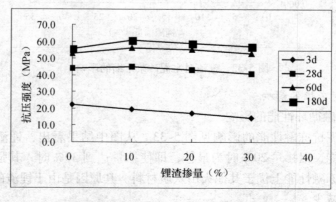

图 5-35 锂渣对水泥力学性能的影响

第五节　硫　酸　渣

一、概述

硫酸渣是利用硫铁矿生产硫酸的过程中排出的工业废渣,又叫硫铁矿烧渣。它是在制酸过程中,硫铁矿经焙烧后产生的固体废弃物。

硫酸渣为红色、细小粉末。

按一般生产工艺计算,以硫铁矿为原料生产硫酸,每生产 1t 硫酸约产生 0.8 ~ 0.9t 左右的硫铁矿烧渣,排放量相当大。有关资料显示:2005 年 1 ~ 9 月,全国生产硫铁矿 867.2 万 t,其中绝大部分用于硫酸生产,排放的烧渣总量高达 1000 万 t[8]。硫铁矿产地遍布全国,储量上亿吨的省区就有四川、安徽、内蒙古、广东、云南、贵州、山东、江西和河南等。仅云南就堆存了数千万吨,它们主要分布在曲靖地区、红河地区、玉溪地区、昆明地区、昭通地区等众多化工企业中[9]。

二、硫酸渣的化学组成

硫酸渣的主要成分为 Fe_2O_3、Fe_3O_4、FeO 和 SiO_2,因生产单位或工艺技术不同,不同的渣在化学组成上存在较大差异。硫酸渣的主要化学成分见表 5-7[10]。

表 5-7　硫铁矿烧渣的主要化学成分[10]　　　　　　　　　　%

工厂	Fe_2O_3	SiO_2	CaO	MgO	Al_2O_3	S
桐柏硫酸厂	58.49	18.71	5.40	2.25	3.84	2.55
广东云浮硫铁矿集团	83.55	5.77	6.38	0.18	1.19	0.29
武钢金山店硫酸厂	71.9	11.6	4.62	4.44	3.88	0.97
株洲化工厂	63.31	12.75	6.83	1.71	9.46	0.60
云南磷肥厂	38.36	35.88	1.76	0.28	3.85	1.83
苏州硫酸厂	53.0	5.63	0.60	0.59	1.42	0.77
武汉硫酸厂	55.32	18.71	5.40	2.25	3.84	2.55
泸州磷肥厂	46.49	24.98	0.36	0.19	17.06	0.35
铜陵化工厂	54.26	16.27	3.35	1.54	2.79	1.07
江苏某化工厂	56.87	5.75	3.48	0.80	1.31	1.06

水泥性能试验所用硫酸渣的化学组成见表 5-8。

表 5-8　硫酸渣的化学组成　　　　　　　　　　%

样品	烧失量	SiO_2	Al_2O_3	Fe_2O_3	CaO	MgO	SO_3
辛集高铁	3.41	20.07	4.75	57.07	4.74	4.5	3.6
辛集低铁	3.75	43.38	13.4	16.86	9.73	3.95	3.57
柳州	3.10	31.66	1.78	38.73	7.73	1.73	6.87

三、硫酸渣的矿物组成

在矿物组成上，不同地区的硫酸渣的矿物组成基本一致，即以 α-石英、磁铁矿、赤铁矿、石膏、钙长石为主，可能由于堆存时间的不同，石膏以不同的形态存在，见图 5-36。

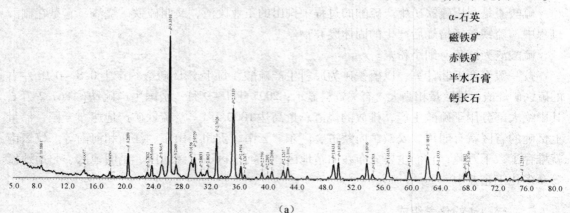

α-石英
磁铁矿
赤铁矿
半水石膏
钙长石

（a）

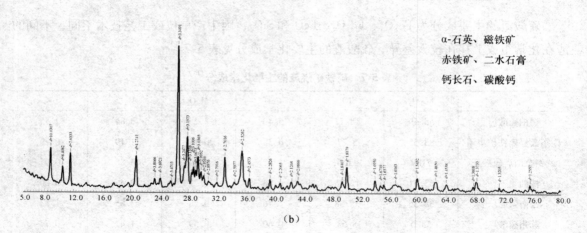

α-石英、磁铁矿
赤铁矿、二水石膏
钙长石、碳酸钙

（b）

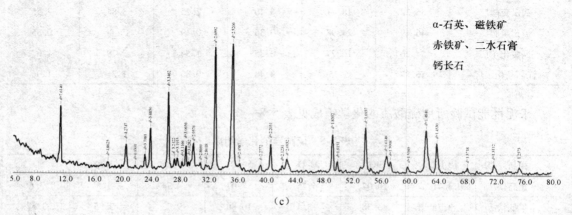

α-石英、磁铁矿
赤铁矿、二水石膏
钙长石

（c）

图 5-36

（a）柳州硫酸渣 X-射线图谱；（b）辛集低铁硫酸渣 X-射线图谱；（c）辛集高铁硫酸渣 X-射线图谱

四、硫酸渣中的重金属

除了主要化学成分外，硫酸渣还含有 Cu、Pb、Zn 等重金属。云南部分地区硫酸渣的多元素分析结果见表 5-9[9]。

表 5-9　硫酸渣的多元素分析结果[9]　　　　　　　　　　　　%

样品	Tfe	S	As	Cu	Pb	Zn	CaO	MgO	SiO$_2$	Al$_2$O$_3$	Au	Ag
1	49.8	2.11	0.02		0.31		0.45	0.21	12.38	1.64		
2	45.32	1.70		0.52	0.18	0.12	0.51	0.28	11.89	1.65		
3	48.32	1.18	0.30				0.68	0.31	13.82	1.85	3.21	18.9
4	48.27	3.85			0.29		0.48	0.87	10.52	1.75		
5	44.3	1.89			0.38		0.68	0.75	12.86			
6	48.31	2.17	0.12		0.18		0.87	0.35	12.88			

编者对辛集硫酸渣的重金属进行了验证性测试，结果见表 5-10。从表中的结果看出，硫酸渣中含有一定量的重金属，而且不同的样品中的重金属含量不同，但没有超出 GB 4284《农用污泥中污染物标准》的限量。

表 5-10　硫酸渣中的重金属　　　　　　　　　　　　mg/kg

项目	铜	锌	铅	六价铬
辛集低铁	0.41	1.56	0.81	0.16
辛集高铁	1.81	1.30	1.89	0.06

五、硫酸渣的活性及影响因素

经研究，硫酸渣是具有一定火山灰活性的工业废渣，可用作水泥混合材料，其 28d 抗压强度比在 65% 以上，见表 5-11，但不同组成渣的活性高低不同。

表 5-11　28d 抗压强度比

| 项目 | 辛集高铁 | | 辛集低铁 | | 柳州 | |
	空白水泥	掺30%渣的水泥	空白水泥	掺30%渣的水泥	空白水泥	掺30%渣的水泥
胶砂流动度（mm）	205	194	200	204	215	180
28d 强度（MPa）	54.8	36.0	51.3	39.1	55.4	39.3
28d 强度比（%）	65.7		76.2		70.9	

对影响硫酸渣活性的因素（化学组成因素）进行了分析，结果见图 5-37。从图中结果看出，硫酸渣的活性随 Fe$_2$O$_3$ 含量的增加而线性降低，随 SiO$_2$ 含量的增加而线性提高，与钙硅镁铝含量的关系为乘幂提高。在这些因素中，钙硅镁铝的含量取决于矿石的品位和组成，后天无法改变，而 Fe$_2$O$_3$ 含量可以通过技术措施进行处理，降低其含量，如果再高可以作为铁矿石利用，提高其附加值。

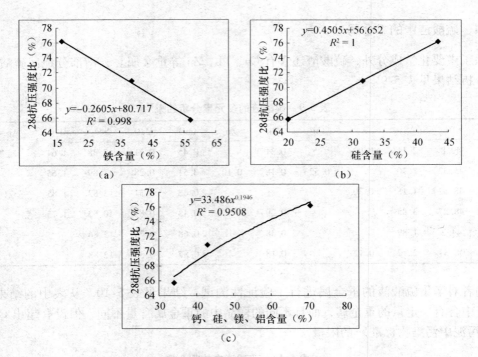

图 5-37　硫酸渣成分对其活性的影响

六、硫酸渣对环境的影响及在建材行业中的利用

硫铁矿烧渣的直接排放给社会带来相当大的环保压力，不仅占用大量土地，而且硫铁矿烧渣若受到细菌作用会氧化成水溶性硫铁矿，烧渣中残留的硫等物质因堆放不合适，靠近水体或遇到下雨，各类残余物质就会排放进入水中，使水严重酸化，腐蚀桥梁、船舶，造成环境污染，这就是常说的红水的危害。据报道，仅在昭通地区，过去由于土法炼硫磺，导致一两个县的大量农田无法耕种，堆存的硫铁矿渣至今还无法处理。长期以来，这些丰富的矿产资源未得到合理的充分利用，有的作为废料堆积起来，占用农田，污染环境，企业为此承担着巨额的环保罚款，还要支付大量的管理费用。因此，综合利用硫铁矿烧渣，改变直接排放的旧工艺已成当务之急[8]。

目前，硫酸渣在建筑材料行业中的利用情况如下：硫铁矿烧渣炼铁过程中，经过磁选或静电选矿的废渣可以用作水泥生产原料；对含铁量比较低，硅、铝含量较高的硫铁矿烧渣，可替代黏土，掺合适量的石灰，经湿碾、加压成型、自然养护制成硫铁矿渣砖、人行道砖和波纹瓦[8]。

七、硫酸渣对水泥性能的影响

（一）对使用性能的影响

1. 对水泥标准稠度的影响

图 5-38 为三个不同的硫酸渣在不同掺量下水泥的标准稠度用水量。从图中结果看出，随着硫酸渣掺量的增加，水泥的标准稠度用水量在逐渐提高，但其幅度很小，不像粉煤灰和火山灰那样对水泥标准稠度的影响显著。

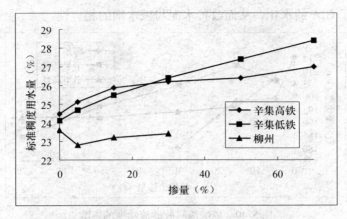

图 5-38　硫酸渣对水泥标准稠度的影响

2. 对水泥凝结时间的影响

硫酸渣对水泥凝结时间的影响见图 5-39。从图中结果看出，柳州和辛集低铁硫酸渣的使用，虽然逐渐延长水泥的凝结时间，但影响幅度不大；而辛集高铁硫酸渣对凝结时间的影响显著，特别是初凝时间，硫酸渣掺入 5% 时，凝结时间就延长了 70min。这可能是由于高铁硫酸渣活性低的原因造成的。

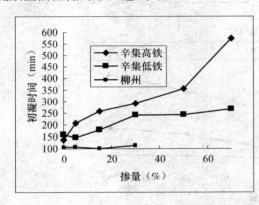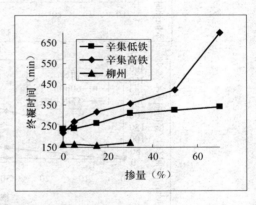

图 5-39　硫酸渣对凝结时间的影响

3. 对水泥胶砂流动度的影响

硫酸渣对水泥胶砂流动度的影响见图 5-40。从图中结果看出，虽然三个硫酸渣对水泥胶砂流动度的影响有所差异，但总体来讲是降低了水泥的胶砂流动度。

4. 对水泥与减水剂相容性的影响

硫酸渣对水泥与减水剂相容性的影响见图 5-41。从图中结果看出，三个样品对水泥与减水剂相容性的影响不同。辛集的两个硫酸渣样品基本降低了水泥浆体的流动性，增大了经时损失；而柳州的硫酸渣则改善了水泥与减水剂的相容性。造成此现象的原因，除了水泥样品的细度不同外（辛集硫酸渣样品由于控制的是筛余，导致制成水泥样品的比表面积随硫酸渣掺量的增加而增大，最高和空白水泥的比表面积相差 $160m^2/kg$），就是柳州硫酸渣和辛集硫酸渣在矿物组成上的差异。辛集硫酸渣中的石膏为二水石膏，而柳州硫酸渣中的石膏为半水石膏。由于半水石膏的溶解度大于二水石膏，所以柳州硫酸渣能为 C_3A 的水化提供充

足的 SO_4^{2-}，减缓了 C_3A 的水化，从而改善水泥与减水剂的相容性。

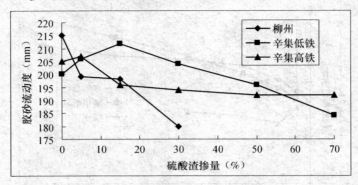

图 5-40　硫酸渣对胶砂流动度的影响

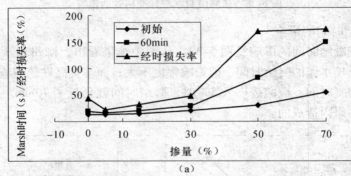

（a）

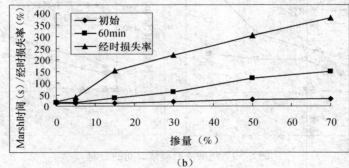

（b）

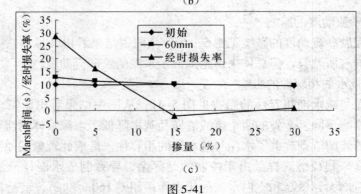

（c）

图 5-41

（a）辛集低铁硫酸渣对水泥与减水剂相容性的影响；（b）辛集高铁硫酸渣对水泥与减水剂相容性的影响；

（c）柳州硫酸渣对水泥与减水剂相容性的影响

（二）对水泥体积安定性的影响

1. 对水泥沸煮安定性的影响

由于硫酸渣中不含有f-CaO，硫酸渣对水泥的沸煮安定性没有影响。

2. 对水泥压蒸安定性的影响

虽然在硫酸渣矿相中没有发现方镁石，但也进行了沸煮安定性试验。试验结果见图5-42。从图中结果看出，硫酸渣的使用具有降低压蒸膨胀率的作用。

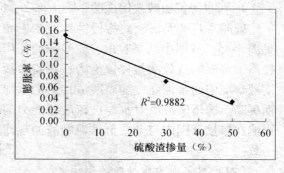

图 5-42　硫酸渣对水泥压蒸安定性的影响

3. 对干燥收缩的影响

硫酸渣对水泥胶砂干燥收缩的影响见图5-43。从图中结果看出，硫酸渣的使用降低了水泥胶砂的干燥收缩。

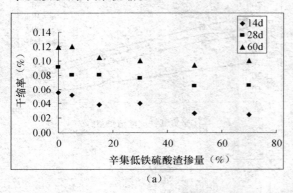
（a）

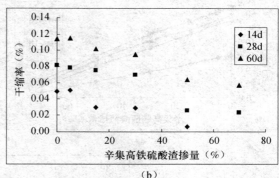
（b）

图 5-43　硫酸渣对水泥胶砂干燥收缩的影响

（三）对水泥耐久性的影响

1. 对水泥抗冻融性的影响

硫酸渣对水泥抗冻融性的影响见图5-44。从图中结果看出，辛集硫酸渣掺量小于50%时，对水泥的抗冻融性能基本没有影响，甚至有改善的迹象；只有硫酸渣掺量大于50%时，才恶化水泥的抗冻融性能。而柳州硫酸渣掺量大于20%后，用其制备成水泥的抗冻融性就表现出恶化迹象。

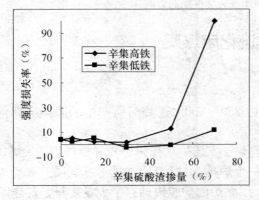

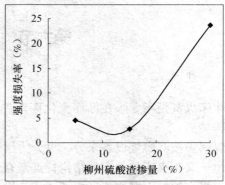

图 5-44　硫酸渣对水泥冻融性能的影响

2. 对水泥抗硫酸盐侵蚀的影响

硫酸渣对水泥抗硫酸盐侵蚀性能的影响见图5-45。从图中结果看出，硫酸渣的使用提高了水泥的抗硫酸盐侵蚀能力，在硫酸盐溶液环境中的水泥强度随硫酸渣掺量的增加而提高。柳州硫酸渣对水泥抗硫酸盐能力的影响在掺量范围内与辛集低铁硫酸渣的规律一致。

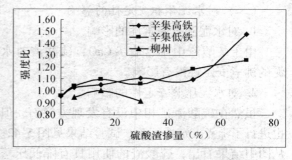

图 5-45　硫酸渣对水泥抗硫酸盐侵蚀性能的影响

（四）对水泥力学性能的影响

硫酸渣对水泥力学性能的影响见图5-46。从图中结果可以看出，硫酸渣的使用不会造成水泥后期强度的倒缩，对水泥的力学性能无害。

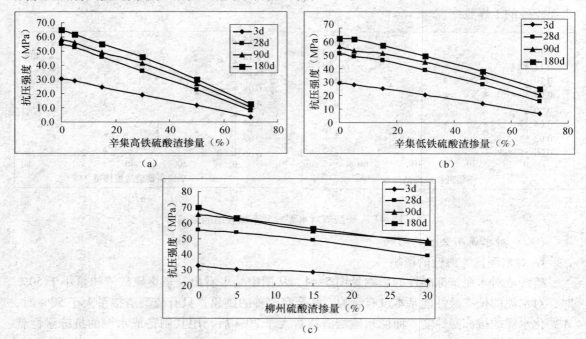

（a）

（b）

（c）

图 5-46　硫酸渣对水泥力学性能的影响

第六节　流化床煤灰

一、概述

流化床煤灰是指燃煤在循环流化床锅炉内 850～900℃ 燃烧后所产生的固体废弃物，也称为沸腾炉渣。

燃煤锅炉按其燃烧设备来分，可分为层燃炉、室燃炉（煤粉炉）和沸腾炉三大类。

层燃炉又叫火床炉。它的结构特点是有一个炉排（炉箅），炉排上有煤层，空气从炉排下送入，煤在炉排上燃烧，形成了"火床"。层燃炉的炉膛内储存了大量燃料，蓄热条件良好，保证了燃烧的稳定性。层燃炉燃烧，煤炭无须特别破碎加工，在炉膛里具备了较好的着火条件，对经常开开停停的间断运行尤为适用；层燃炉还能适应各种不同煤炭的燃烧特点，因此工业锅炉几乎都是层燃炉；层燃炉的锅炉房，布置简单，运行耗电少，管理亦比较简单。缺点是燃料与空气的混合不良，燃烧反应较慢，燃烧效率不高。

火力发电用的锅炉为室燃炉和流化床锅炉。

室燃炉，燃煤锅炉主要是煤粉炉。它是先把煤炭制备成煤粉（煤粉颗粒多小于 $100\mu m$），预先和空气混合，通过喷燃器使其在悬浮状态下燃烧。细小的煤粉颗粒进入炉膛后，在高温火焰和烟气的加热下，煤粉中挥发分析出并燃烧，直至煤粒变成高温的焦炭颗粒，最后焦炭燃尽。这种悬浮燃烧，反应较为完全、迅速；煤种适应性广；机械化、自动化程度高；燃烧效率高。但设备庞大复杂，建设费用大；运行操作要求高，不适宜间断运行，低负荷运行的稳定性和经济性差。一般适用于较大容量的电站锅炉。我们所熟知的粉煤灰就产生于室燃炉。

流化床燃烧，又称沸腾燃烧，所用锅炉即称为流化床锅炉或沸腾锅炉。在此炉中保持很厚的灼热料层，运行时沸腾料层的高度约 $1.0 \sim 1.5m$，空气经布风板均匀通过料层，刚加入的煤粒就迅速地和灼热料层中的大量灰渣粒混合，在一起上下翻腾运动。沸腾炉的名称就是因此而得名。

利用流化床锅炉（沸腾炉）时，煤和灰渣的颗粒一般在 $8 \sim 10mm$ 以下，大部分是 $0.2 \sim 3mm$ 的碎屑，亦既比一般层燃炉所烧块煤小得多，但又比煤粉炉的细粉大得多。当进入布风板的空气速度较低时，料层在布风板上是静止不动的，空气流从料层缝隙中穿过，这种状态称为"固定床"，大床燃烧就是在这种状态下燃烧时。当进风速度不断提高，达到某一定值时，气流对料层向上的吹托力等于料层的重力，料层开始松动。随着风速的增加，料层开始膨胀，颗粒间隙加大，而在颗粒空隙的空气实际速度却保持不变，这种状态称为流化床。从流化过程来看，随着风速的增加，通常会出现各种不同的流化工况。即细粒流态化，鼓泡流态化，弹状流态化，湍流化，快速亢态化五种工况。

沸腾炉的主要优点是：燃料适应性能好，几乎能燃用各种燃料。一般无法烧的劣质燃料亦能在沸腾炉燃烧，如煤矸石、炉渣等；由于沸腾炉炉算面积较小，燃烧温度较高，炉膛可做得较小，因而可以缩小锅炉体积，节省钢材，初投资小；炉内直接加入石灰石等脱硫剂，脱硫效率较高，当 $Ca/S = 1.5 \sim 2.0$ 时，脱硫效率可达 $85\% \sim 90\%$。沸腾炉的缺点是：飞灰量大，且含碳量较大。降低了锅炉效率；送风压头要求较高，耗电量较大；受热面易磨损等。

由于在劣质煤利用和环境保护等方面，流化床燃煤固硫技术具有很大优势，因此固硫灰渣的排放量呈逐年递增趋势。

二、流化床煤灰与粉煤灰的差异

由于循环流化床的燃烧温度（$850 \sim 900°C$）和室燃炉的燃烧温度（$1400°C$）不同，造成流化床煤灰与粉煤灰的组织结构存在很大的差异。

粉煤灰是在高温流态化条件下形成的，玻璃相出现使之相互粘结，形成多孔玻璃体，使大量粉煤灰粒子仍保持高温液态玻璃相结构，表面结构比较致密，这种结构表面外断键很少，可溶性 SiO_2、Al_2O_3 也少[11]。在粉煤灰玻璃体中，Na_2O、CaO 等碱金属、碱土金属氧化物少，SiO_2、Al_2O_3 含量高。由于脱碱作用，在玻璃体表面形成富 SiO_2 和富 $SiO_2—Al_2O_3$

的双层玻璃保护层。而流化床煤灰的生成温度较低，难以出现液相，尽管可以产生明显的固相扩散作用，但不会出现较强致密组织，从而造成流化床煤灰表面结构疏松，吸水性非常强[12]。由于此种组织结构，造成流化床煤灰的需水性特别大，流化床煤灰的需水量比可以达到113%，严重影响水泥的标准稠度用水量和胶砂流动性，见本节性能部分。

三、流化床煤灰的化学组成

由于流化床锅炉的使用煤种比较宽，因此造成流化床煤灰的化学组成差异比较大；同时，由于有的进行固硫处理，有的没有，也造成流化床煤灰的组成变化比较大。

循环流化床锅炉在固硫时一般加入石灰石作为固硫剂，为了能使固硫效率在90%以上，Ca/S摩尔比往往超过理论值，一般在 $2 \sim 2.5$ 之间。因此固硫灰渣成分中含有较多的无水石膏和固硫剂残留下来的游离 CaO，无水石膏含量按 SO_3 计算可达 10% 以上，游离 CaO 通常在 5% 以下。流化床锅炉产生的固硫灰渣比普通煤粉炉多 30% ~40%，其中，SiO_2、Al_2O_3 含量低于粉煤灰。流化床煤灰的化学组成见表 5-12[13] 和表 5-13。从中看出，固硫灰渣与未固硫灰渣、粉煤灰化学成分的差异主要体现在：固硫灰渣中总 CaO、游离 CaO 和 SO_3 含量相对较高。

表 5-12 部分流化床煤灰的化学成分[13]   %

样品	SiO_2	Fe_2O_3	Al_2O_3	TiO_2	CaO	MgO	Na_2O	K_2O	SO_3	f-CaO	L. O. I	合计
A	39.22	4.85	22.38	0.77	13.75	1.51	0.71	1.05	6.31	2.70	8.44	98.99
B	35.62	6.85	12.93	0.67	21.80	2.65	1.30	1.09	12.68	5.66	4.26	99.85
C	42.85	5.08	35.02	0.76	5.99	1.71	0.31	0.85	3.11	2.03	2.32	98.00
D	43.66	6.03	24.57	0.96	9.20	0.51	0.37	0.95	3.51	1.16	9.42	99.18
E	25.82	3.23	20.31	0.38	21.35	0.52	0.20	0.54	7.60	3.41	19.72	99.69
F	42.00	6.58	28.22	1.06	1.40	0.64	0.40	0.63	1.45	0.05	16.60	98.79
G	52.85	14.28	15.26	1.39	2.72	1.49	0.20	1.03	2.90	0.10	6.87	98.99
H	50.30	10.60	23.20	1.27	2.70	0.63	0.54	1.13	1.90	0.28	6.40	98.67

注：其中 A~E 为固硫灰渣，F~G 为流化床锅炉未加入脱硫剂的产物，H 为粉煤灰；B，G 为炉底渣，其他均为飞灰。

表 5-13 我国部分地区流化床煤灰的化学组成   %

产地	烧失量	SiO_2	Fe_2O_3	Al_2O_3	CaO	MgO	SO_3	f-CaO
小龙潭1	0.58	37.24	10.61	18.62	17.66	1.70	11.50	0.47
小龙潭2	0.79	34.40	9.38	18.21	20.53	2.72	11.33	0.53
内蒙古	14.62	41.81	7.09	23.49	8.41	1.06	2.11	—
巡检司1	0.24	46.38	7.60	25.65	11.14	2.65	5.38	—
巡检司2	2.49	31.3	12.13	18.27	20.22	3.57	10.16	—

四、流化床煤灰的矿物组成

煤灰是由煤中的黏土质材料经煅烧形成。煤中常见的黏土矿物有高岭石、伊利石、水云母、绿泥石、蒙脱石等[14]。高岭石加热到 450℃时，结构中的 [OH] 部分以水分分解，形成偏高岭石继续加热到 950℃，偏高岭石转变为假莫来石；温度升至 1000℃时，假莫来石转变为莫来石。在高温的结晶相转变过程中，还伴随着硅、铝、铁等氧化物玻璃体的形成。因此，由于黏土矿物中的高岭石在 850～900℃ 温度下以偏高岭石形式存在，在 1400℃ 温度下则以莫来石结晶相形式存在，因此，低钙粉煤灰中的 Al_2O_3 主要是莫来石的结晶相，而沸腾炉渣与固硫灰渣中的 Al_2O_3 主要是偏高岭石[12]。

但对云南小龙潭脱硫灰、巡检司脱硫灰的 X-射线衍射分析结果（图 5-47）却含有莫来

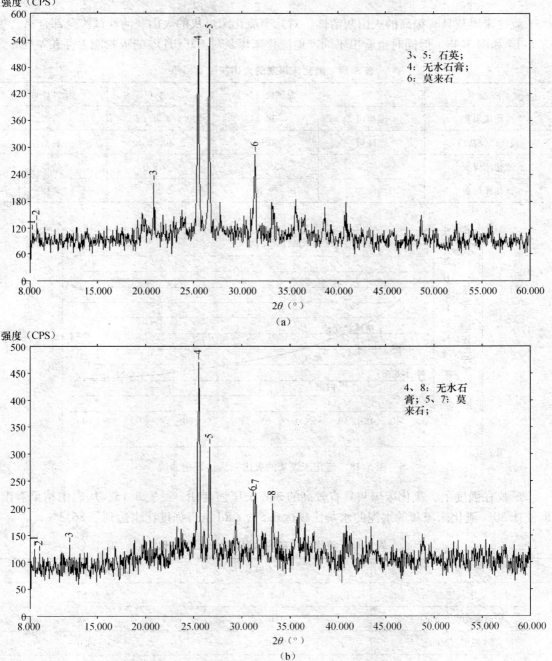

图 5-47　流化床煤灰的 X-射线衍射图谱

（a）小龙潭脱硫灰；（b）巡检司脱硫灰

石相，与资料介绍有所出入。从图中分析结果来看，流化床煤灰的矿物以无定形物质为主要矿相。同时，流化床煤灰的主要结晶矿物为莫来石和无水石膏。但这种无水石膏属于烧石膏，其溶解度和溶解速度与天然硬石膏不同。

五、流化床煤灰的活性

流化床煤灰具有很高的火山灰活性，对几个流化床煤灰的火山灰活性试验全部合格，见表 5-14 和图 5-48。但同时也看出不同产地流化床煤灰对 $Ca(OH)_2$ 的吸收能力存在差异。

表 5-14　流化床煤灰的火山灰试验结果

样品编号	产地	总碱度（%）	氧化钙（%）	活性评价
流化床煤灰	巡检司	38.2	8.22	合格
流化床煤灰渣	巡检司	40.03	10.76	合格
流化床煤灰	小龙潭	35.76	4.9	合格
流化床煤灰	内蒙古	29.19	3.61	合格

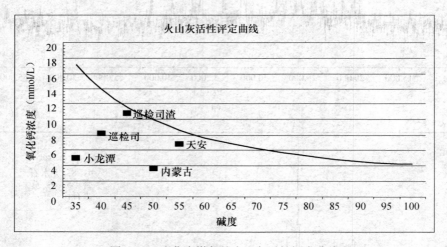

图 5-48　流化床煤灰的火山灰活性评定曲线

反映在强度上，流化床煤灰具有较高的 28d 抗压强度比，见表 5-15。从表中结果看出，即使掺 30% 流化床煤灰的水泥的水灰比高达 0.57，28d 抗压强度比也达到了 86.3%。

表 5-15　流化床煤灰的水泥 28d 抗压强度比

	空白水泥	掺30%渣的水泥
水灰比	0.5	0.57
胶砂流动度（mm）	180	180
28d 强度（MPa）	55.6	48.0
28d 强度比（%）	86.3	

根据文献资料，煤在温度为 800 ~ 1000℃ 条件下燃烧得到的灰渣的活性都高于粉煤灰[15]。沸腾炉渣和固硫灰渣 28d 抗压强度比基本上都大于 80%，有的可达 100% 左右，明显大于粉煤灰[16-18]，煤矸石沸腾炉渣也具有较高活性，明显高于粉煤灰[19-20]。而一般的粉煤灰的 28d 抗压强度比在 70% ~ 80%，远低于流化床煤灰。

对于此种现象的原因，是由于莫来石对粉煤灰活性贡献很小[21]，而偏高岭石为结晶度很差的过渡相，在 680 ~ 980℃ 锻烧温度下火山灰活性最佳[22]，因此矿物组成差异是各类燃煤灰渣活性差异的主要原因之一。

除此之外，燃煤灰渣颗粒表面形态对其活性影响极大：具有多孔、粗糙表面结构的灰渣比表面光滑的灰渣活性高，主要体现在灰渣颗粒形态对其水化反应具有一定影响。燃煤灰渣水化反应总速率包括灰渣颗粒界面的化学反应速率和离子通过反应层的扩散速率。当扩散速率远大于化学反应速率时，系统的反应速率受化学反应速率控制，当化学反应速率远大于扩散速率时，系统的反应速率则受扩散速率控制。在灰渣前期活性发挥过程，反应产物层相对较薄，系统反应速率主要受灰渣颗粒界面的化学反应速率所控制。粉煤灰表面结构比较致密，颗粒内部的可溶性物质很难溶出，活性难以发挥，而沸腾炉渣和固硫灰渣表面结构疏松，液相很容易扩散进入其疏松结构中，火山灰反应容易发生，可以较快获得强度。因此灰渣颗粒形貌差异亦是活性差异的另一重要原因[23]。

另外，经固硫的流化床燃煤灰渣有明显的早期水硬性，甚至可与水混合几小时后即凝结硬化，而未经固硫的灰渣则不明显[13]。文献［13］研究表明，固硫灰渣早期水硬性主要来源于一定数量水化较快的无定形矿物组分；同时，固硫灰渣中［SiO_4］及［AlO_6］的聚合程度均低于未经固硫的流化床灰渣及粉煤灰。

六、流化床煤灰对水泥性能的影响

（一）对水泥使用性能的影响

1. 对水泥标准稠度的影响

流化床煤灰对水泥标准稠度的影响见图 5-49。从图中结果看出，水泥标准稠度用水量基本随流化床煤灰掺量的增大而增大，表明流化床煤灰具有巨大的内比表面积，增大了水泥的标准稠度需水量。

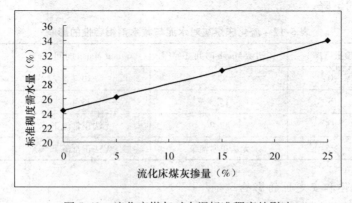

图 5-49　流化床煤灰对水泥标准稠度的影响

2. 对水泥凝结时间的影响

流化床煤灰对水泥凝结时间的影响见图 5-50。从图中结果看出，流化床煤灰的使用，延长了水泥的凝结时间，但延长的幅度不大。

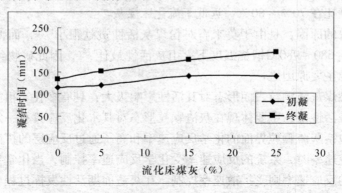

图 5-50　流化床煤灰对水泥凝结时间的影响

3. 对胶砂流动度的影响

流化床煤灰对胶砂流动度的影响见表 5-16。从表中结果看出，流化床煤灰对水泥胶砂流动度具有显著的影响，降低了水泥胶砂的流动性能，保持相同流动度时需增大水灰比。

表 5-16　流化床煤灰对胶砂流动度的影响

流化床煤灰掺量（%）	0	5	15	25
水灰比	0.51	0.52	0.55	0.57
流动度（mm）	180	176	183	182

4. 对水泥与减水剂相容性的影响

流化床煤灰对水泥与减水剂相容性的影响见表 5-17。从图中结果看出，流化床煤灰对水泥与减水剂相容性具有显著的影响，无论是水泥浆体的流动性能，还是经时损失，随着用量的增加，影响越显著。造成此现象的原因，主要是由于流化床煤灰巨大的内比表面积导致的需水量的增加以及高的活性，增加了水泥浆体的黏聚力，使水泥浆体的黏度增加，导致水泥浆体流动性能的下降。

表 5-17　流化床煤灰对水泥与减水剂相容性的影响

编号	掺量（%）	初始 Marsh 时间（s）	60min Marsh 时间（s）	经时损失率（%）
LFL0	0	8.7	10.1	16.09
LFL5	5	15.3	25.4	66.01
LFL15	15	47.7	无法正常流下	—
LFL25	25	无法正常流下	无法正常流下	—

（二）对水泥体积安定性的影响

1. 对水泥沸煮安定性的影响

经试验，用云南巡检司流化床煤灰制备的水泥样品的沸煮安定性全部合格。虽然云南巡检司流化床煤灰中含有 f-CaO，但流化床煤灰中的 f-CaO 是在 850～900℃下形成，为轻烧而非死烧，水解速度快，遇水立即水解，所以对沸煮安定性不会产生影响。

2. 对水泥干燥收缩的影响

流化床煤灰对水泥胶砂干燥收缩的影响见图5-51。从图中结果看出，流化床煤灰在早期降低了水泥胶砂的干缩率，但到后期增大了水泥胶砂的干缩率，表明到后期流化床煤灰的水化量增大。

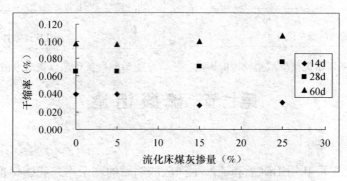

图5-51　流化床煤灰对水泥胶砂干燥收缩的影响

（三）对水泥耐久性的影响

1. 对水泥抗冻融性能的影响

流化床煤灰对水泥抗冻融性能的影响见图5-52。从图中结果看出，在5%掺量时流化床煤灰具有改善水泥抗冻融的作用，但掺量15%以后具有恶化作用，这是因为流化床煤灰的高需水性造成的水泥浆体孔隙率增大所导致。

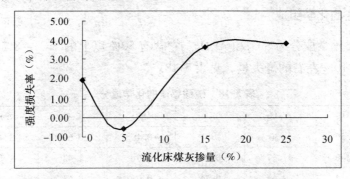

图5-52　流化床煤灰对水泥抗冻融性能的影响

2. 对水泥抗硫酸盐侵蚀的影响

流化床煤灰对水泥抗硫酸盐侵蚀的影响见图5-53。从图中结果看出，在一定的掺量范围内，流化床煤灰具有提高水泥抗硫酸盐侵蚀的能力，但同时也可以看出，随流化床煤灰掺量的增加，水泥抗硫酸盐侵蚀的能力线性降低。

（四）对水泥力学性能的影响

流化床煤灰对水泥力学性能的影响见图5-54。从图中结果看出，掺加流化床煤灰的水泥的强度发展正常，没有出现后期强度倒缩的现象，且基本随掺量的增加线性下降。

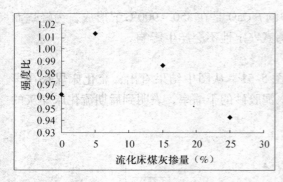

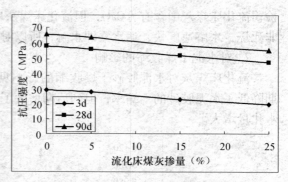

图 5-53　流化床煤灰对水泥抗硫酸盐侵蚀的影响 　　　图 5-54　流化床煤灰对水泥力学性能的影响

第七节　硫酸铝渣

一、概述

硫酸铝渣是化工厂利用铝矾土和硫酸生产硫酸铝后的剩余物，我国标准 GB/T 2847《用于水泥中的火山灰质混合材料》将其称为"硅质渣"。

在制取硫酸铝时，首先将高铝黏土经 700～800℃ 锻烧后用硫酸处理，使氧化铝变为硫酸铝溶液，经过滤使溶液与不溶残渣分离，不溶残渣即硫酸铝渣，干燥后呈灰白松散粉粒状。由于其含有较高的 SiO_2，一般在 50% 以上，所以也称为硅质渣。

我国硫酸铝的年耗用量近百万吨，每生产 1t 硫酸铝要排放 0.3～0.4t 废渣，每年排放大量硫酸铝渣。我国现在年排放总量超过 60 万 t。

二、硫酸铝渣的化学组成

硫酸铝渣主要化学成分为 SiO_2 和 Al_2O_3。它含有 50% 以上的 SiO_2、8%～13% 的 Al_2O_3、1%～4% 的 SO_3，10% 左右的烧失量，见表 5-18。

表 5-18　硫酸铝渣的化学成分　　　　　　　　　　　　　　　%

产地	SiO_2	Al_2O_3	Fe_2O_3	MgO	CaO	SO_3	烧失量
河南鹤壁	71.56	8.30	1.91	0.48	0.67	3.47	12.66
唐山 1	74.40	11.77	0.61	1.61	1.42	1.15	9.70
唐山 2	74.34	12.64	0.24	0.05	0.63	—	10.57

三、硫酸铝渣的活性及来源

经 X 射线衍射分析，证明硫酸铝渣含有大量的非晶质相和少量的黏土晶质相，同时具有较大的内比表面积[24]。文献 [25] 研究后认为其主要矿物是高岭土和一水铝石。对尾渣进行煅烧处理，采用差热—热重和 XRD 对样品进行微结构研究，在 700～1000℃ 煅烧主要物相是无定形偏高岭相，具有较大的内比表面积和较高的火山灰活性。文献 [25] 对煅烧温度对硫酸铝渣的活性进行了研究，认为 700～1000℃ 的温度区域，铝渣具有较好的火山灰活性，28d 抗压强度比可以达到 100%。

试验表明[26]硅质渣的活性较煤矸石为佳，其试验结果见表5-19。文献［27］对硫酸铝渣进行火山灰性试验，其 14d 测定值的总碱度为 31.25mmol/L，CaO 含量为 11.69 mmol/L，试验结果点落在 $Ca(OH)_2$ 饱和浓度曲线以下，说明硫酸铝渣中的主要成分 SiO_2 具有活性。

表 5-19 硅质渣与煤矸石活性比较[26]

材料名称	火山灰性试验						28d 抗压强度比
	7d 测定值（毫克分子 CaO/L）			14d 测定值（毫克分子 CaO/L）			
	总碱度	CaO 含量	火山灰性	总碱度	CaO 含量	火山灰性	
硅质渣	29.63	12.46	+	29.12	12.17	+	83
煤矸石	50.95	9.63	-	51.36	7.28	+	78

四、硫酸铝渣对水泥性能的影响

由于硫酸铝渣具有较高的火山灰活性，因此作为混合材料大量用于水泥的生产。对于其对水泥性能的影响，有大量的文献对此进行了研究。

对于硫酸铝渣对标准稠度用水量的影响，文献［24］在矿渣水泥中掺加硫酸铝渣，其标准稠度需水量要比单掺矿渣的水泥高，硫酸铝渣替代量从 3% 提高至 10%，水泥标准稠度需水量的增幅从 6% 增加到 17%，远大于硫酸铝渣替代量的增加幅度。尤其当硫酸铝渣替代量大于 7% 以上时，水泥标准稠度需水量增加明显，对施工将产生不利影响。并认为标准稠度需水量明显增加的原因在于，化工厂在制备硫酸铝的过程中，磨细的铝矾土经浓硫酸浸蚀后，Al_2O_3 被溶蚀，使得硫酸铝渣产生大量的空隙，这也是硫酸铝渣具有较大的内表面积和较高反应活性的原因。

文献［26］就硅质渣对水泥安定性的影响进行了研究，结果表明水泥加水后，熟料水化析出的 $Ca(OH)_2$ 与硅质渣中的活性 SiO_2 反应生成水化硅酸钙。由于硅质渣中活性氧化硅颗粒小，有较大的内表面积，在生成水化硅酸钙的同时也吸收水泥中游离氧化钙，改善水泥安定性。

经试验研究[24,26,27]，在水泥中掺入适量的硫酸铝渣，能够缩短水泥的凝结时间，提高水泥的强度。

文献［26］的结论是在水泥中掺入 5%～15% 的硅质渣混合材，水泥凝结时间比原不掺时，初凝、终凝分别缩短 0.5～1.0h，有利于工程施工。掺入硅质渣对提高水泥强度更为明显，掺入 5%～15% 的硅质渣时，早期、后期强度的提高都较为明显，提高了水泥标号，增加了企业的经济效益。对于其机理，文献［26］认为，硅质渣中硫酸铝易溶解于水，水泥浆溶液中 SO_4^{2-} 和 Al^{3+} 与 $Ca(OH)_2$ 发生反应，生成颗粒极小的硫酸钙，它分散度大，反应速度快，与铝酸钙反应生成数量较多的钙矾石。上述反应生成的凝胶 $Al(OH)_3$ 再与 $Ca(OH)_2$ 及石膏反应，生成钙矾石，因此水化 3d 的水化产物除 C—S—H 凝胶外尚有单硫和三硫型硫酸盐晶体，随着龄期增长，水化凝胶水化物已转变为大量纤维状晶体与柱状钙矾石晶体，相互交叉连生，填充了水泥石孔隙，更加致密的水泥石结构提高了早期和后期强度。

第八节 煤 渣

煤渣是指采用链条炉燃煤产生的废渣，呈大小不等的块状，属火山灰性混合材料，其活性与粉煤灰相似。近年来，电厂的链条炉已趋于淘汰，故目前煤渣排出量已较少，在水泥工业中已不是主要的混合材料。

除了链条炉排出的煤渣外，层燃炉（又叫火床炉）以及室燃炉底部排出的废渣也属于煤渣的一种，现多叫炉渣，仍在水泥行业大量使用，其性质与煤渣近似。

现在，为了节约能源和降低成本，燃煤中多含有煤矸石，因此，炉渣中含有大量的烧煤矸石。

第九节 液 态 渣

热电厂采用液态排渣的旋风炉时，煤粉在炉内燃烧后，煤灰在1600℃左右的高温下大部分呈熔融态排出，经水淬成为粒化液态渣。有时为了降低煤灰的熔点和黏度，在煤粉中加入少量（3%～5%）石灰石，排出的渣中CaO含量虽稍有提高，但其基本性质没有改变，仍属火山灰性混合材料，而非潜在水硬性材料，故不能归于增钙液态渣的范畴。液态渣的活性比较低，易磨性也差，因此在水泥行业中利用比较少。

第十节 硅灰、稻壳灰

一、硅灰

硅灰（或称硅粉）是用电弧炉冶炼硅铁合金或硅金属时的副产品。

生产硅铁的原料一般是高纯度的石英、焦炭和铁矿石。它们在2000℃的电炉中，SiO_2首先被还原成Si，有10%～15%的石英以Si和SiO烟雾的形式随烟气排出炉外，与空气中的O_2反应生成SiO_2烟雾，凝聚成细小的球状玻璃质SiO_2颗粒，经收尘器捕集所得。

硅灰中的SiO_2含量在90%以上，以无定形球状玻璃体存在。硅灰的比表面积是一般水泥的50～60倍，在20～25m^2/g。颗粒大部分小于1μm，最细的小于0.01μm，平均粒径约为0.1μm，硅灰与其他材料的比较见表5-20。

表5-20 硅粉与其他材料物理性质的比较[28]

项目	硅灰	水泥	矿渣	粉煤灰
比重（N/m^3）	21000	31500	29000	21000
密度（kg/m^3）	200～300	1200～1400	1000～1200	900～1000
烧失量（%）	2～4			12
比表面积（m^2/kg）	20000	200～500		200～600

由于硅灰的这些性质，使硅灰具有较高的火山灰活性。硅灰中的SiO_2能够极快溶解并参与水泥的水化反应，和水泥水化产生的$Ca(OH)_2$迅速反应生成C—S—H凝胶，改善界面过渡带的性质，提高水泥的性能。同时，由于硅灰的微细化，加入到水泥混凝土中，起到了微粉填充效应，提高了水泥混凝土的致密性。但由于硅灰的颗粒过于细小，易于团聚，所以

必须和高效减水剂或塑化剂共同使用。现在，硅灰多在高性能混凝土中使用，而在水泥中应用极少。

二、硅灰对混凝土的作用

对于硅灰在混凝土中的作用，文献［28］进行了总结介绍：

1. 提高混凝土早期强度和最终强度。国外研究证明，当硅粉对水泥的取代率为30%以内时，蒸气温度为80℃。砂浆24h的抗压强度为不掺硅粉的2倍（100MPa）；若采用蒸压养护，则几乎达3倍（150MPa）；采用标准养护，砂浆的抗压强度也明显提高。加拿大H. H. Bache提出，当硅粉与高效减水剂复合使用时，可使混凝土的水胶比（$W/C+Si$）降至0.13～0.18，水泥颗粒之间被硅粉填充密实，混凝土的抗压强度为不掺硅粉合剂的3～5倍。目前，美国、丹麦、挪威等国已用硅粉作掺合剂配制出了强度高达110MPa的混凝土，而且工艺简单，经济效益好，故被大量采用。

2. 增加密实度。混凝土中掺入硅粉增加了起反应的硅含量，在电镜下观察，掺硅混凝土的水泥石空隙中有晶体生长。另外，硅粉颗粒很细小，均匀地填充了混凝土微孔。国外用水泥注入法测定，无论哪种养护条件，掺硅粉的混凝土水泥石微孔容积均明显减少。

3. 改善混凝土离析和泌水性能。浇灌混凝土之后，往往产生水从混凝土中分离出来的现象，即在表层形成水膜，也称之为浮浆，使上层混凝土分布不均匀，影响建筑质量。国外研究证明，硅粉掺入量即取代率 $Si/(Si+C)$ 愈多，混凝土材料愈难以离析和泌水。当取代率达15%时，混凝土坍落度即使达15～20cm，也几乎不产生离析和泌水，当取代率达20%～30%时，将该混凝土直接放入自来水中也不易产生离析。由于硅粉对混凝土离析和泌水性能的改善，使掺硅粉混凝土可以用作海港、隧道等水下工程。

4. 提高混凝土的抗渗性、抗化学腐蚀性和比电阻。由于硅粉的掺入提高了混凝土的密实性，大大减少了水泥空隙，所以提高了硅粉混凝土的抗渗性能。国外研究认为，当混凝土中硅粉取代率为10～20时显著改善了混凝土的抗渗性、抗化学腐蚀性，而且对钢筋的耐腐蚀性也有改善。这时因为密实性的提高和硫含量增加，有效地阻止了酸离子的侵入和腐蚀作用。

另外，由于硅粉比电阻很高，所以混凝土比电阻可提高1.9～16倍。

叶东忠[29]经过水泥性能（表5-21）和微观结构分析得出如下结论：

表5-21　不同掺量的硅灰对水泥砂浆强度的影响[29]

编号	硅灰掺量（%）	水灰比	抗折强度（MPa）				抗压强度（MPa）			
			3d	7d	28d	180d	3d	7d	28d	180d
0#	0	0.44	6.27	7.74	8.96	9.16	23.41	38.75	48.65	52.02
6#	6	0.44	5.87	7.47	9.93	10.14	21.18	38.16	52.68	56.45
8#	8	0.44	5.71	7.37	10.40	10.66	19.78	37.71	57.19	61.62
10#	10	0.44	5.68	7.18	10.30	10.32	18.30	37.07	54.34	58.03
12#	12	0.44	5.58	7.15	9.92	10.11	18.07	36.79	51.78	55.23
14#	14	0.44	5.54	7.03	9.86	10.05	17.87	36.61	51.55	53.43

注：表中0#～14#水泥胶砂试样中硅灰均为外掺，胶砂比（水泥:标准砂）均为1:2.5。

（1）掺入硅灰对水泥砂浆的早期强度不利，但可以提高水泥砂浆的后期强度与长期强度，硅灰的优化掺量为8%；

（2）掺入硅灰会降低水泥净浆的流动性，增加水泥的凝结时间，但水泥的安定性均为合格；

（3）掺入硅灰可以减缓水泥早期水化反应速度使水化产物减少，结构疏松，使水泥砂浆早期强度有所下降；

（4）掺入适量的硅灰可以提高水泥后期水化反应速度，使水化产物增多，降低孔隙率，提高水泥砂浆的密实度，强化硬化水泥浆体的微观结构，并能促使水化反应长期进行，从而提高水泥砂浆的后期与长期强度。

三、稻壳灰

稻壳灰是稻壳燃烧后的灰分，化学成分以 SiO_2 为主，含量可达90%以上。如果燃烧温度合适（600～900℃），其中的 SiO_2 以无定形状态存在。除了碱含量较高外，与硅灰类似[30]。

对于稻壳灰的研究和利用，最早于日本出现，国内也有学者进行研究。但由于收集困难，在使用实践上，国内外还基本处于空白状态。

参考文献

［1］建筑材料科学研究院编．水泥物理检验（第三版）［M］．北京：中国建筑工业出版社，1985．

［2］肖忠明．高活性粉煤灰的研制［J］．粉煤灰，2001，4．

［3］中国建筑材料科学研究总院．通用硅酸盐水泥标准宣贯资料汇编．2006．

［4］费文斌．锂盐工业废渣在建材工业中的应用研究［J］．山东建材，2005，4．

［5］夏春．粉煤灰—锂盐渣掺合料水泥石微观特征与活性机理［J］．粉煤灰，2004，6．

［6］郭玉华．用锂渣做混合材生产水泥［J］．水泥，1997，10．

［7］张兰芳，陈剑雄，李世伟，岳瑜．锂渣混凝土的性能研究［J］．施工技术，2005，34（8）．

［8］徐平．硫铁矿烧渣综合利用及前景［J］．大众科学，2007，16．

［9］刘全军．周兴龙，李华伟，邹平．硫酸渣综合利用的研究现状与进展［J］．云南冶金，2003，32（2）．

［10］李振飞，文书明，周兴龙，胡天喜．我国硫铁矿加工业现状及硫铁矿烧渣利用综述［J］．国外金属
矿选矿，2006，6．

［11］李国栋．粉煤灰的结构、形态与活性特征［J］．粉煤灰综合利用，1998，3．

［12］钱觉时，吴传明，王智．粉煤灰的矿物组成（上）［J］．粉煤灰综合利用，2001，1．

［13］宋远明，钱觉时，王志娟．流化床燃煤固硫灰渣水硬性机理研究［J］．硅酸盐通报，26（3）．

［14］邵靖邦等．煤中矿物成分对粉煤灰性质的影响［J］．煤炭加工与综合利用，1996，6．

［15］孙恒虎，郑娟荣．低温煤渣火山灰活性的机理研究［J］．煤炭学报，2000，25（6）．

［16］王迎华．用于水泥中的固硫渣标准制定的技术研究［D］．北京：清华大学，1995．

［17］邵靖邦等．沸腾炉粉煤灰的特性研究［J］．中国环境科学，1997，17（5）．

［18］邵靖邦等．沸腾炉底灰的特性研究［J］．环境科学学报，1998，18（4）．

［19］鲁法增．用煤矸石沸腾炉渣做水泥混合材［J］．资源节约和综合利用，1994，1．

［20］张长森．低温烧煤矸石的火山灰活性研究［J］．硅酸盐通报，2004，5．

［21］李东旭．低钙粉煤灰中莫来石结构稳定性的研究［J］．材料导报，2001，15（10）．

［22］高琼英，张智强．高岭石矿物高温相变过程及其火山灰活性［J］．硅酸盐学报，1989，17（6）．

［23］宋远明，钱觉时，王智．燃煤灰渣活性研究综述［J］．粉煤灰，2007，1．

［24］刘孟贺．硫酸铝渣替代部分矿渣作混合材对水泥性能的影响［J］．矿产综合利用，2006，4．

［25］崔崇，彭长琪．煅烧硫酸铝渣的结构和火山灰活性研究［J］．华中理工大学学报，2000，28（2）．

［26］赵建新．硅质渣混合材在水泥生产中的应用［J］．水泥，1999，8．

［27］朱晓莉，幺琳．硫酸铝渣作混合材生产水泥的试验研究［J］．中国资源综合利用，2001，3．

［28］王喜良．硅灰在混凝土中的作用［J］．科技论坛，黑龙江科技信息．

［29］叶东忠．硅灰对水泥净浆与砂浆性能及砂浆结构影响的研究［J］．北京工商大学学报（自然科学
版）2007，25（6）．

［30］作者不详．第四届水泥学术会议论文集［M］．见：章春梅．稻壳灰与稻壳灰水泥结构特征及其性能
研究．1988．

第六章 具有水硬性的工业废渣——钢渣

第一节 概　述

钢渣是炼钢过程中产生的副产物。

中国钢产量连续 9 年世界第一，在钢铁工业飞速发展的背后，钢渣的产量也是绝对不可轻视的。据有关部门统计，2006～2007 年全国主要钢铁及钢渣产量迅速增长，粗钢材 2007 年累积产量 48924.08 万 t，钢材 56460.81 万 t。随着我国钢产量的快速增长，冶金废渣的排放量也随之快速增长，2007 年冶金各类企业固体废物年产生量约 5 亿多 t，综合利用率约 20%，其中钢铁企业产生废渣量约 2 亿 t，废渣利用量约 1.3 亿多 t，综合利用率为 66%[1]。

钢渣呈黑色，外观像结块的水泥熟料，其中夹带部分铁粒，硬度大，密度为 1700～2000kg/m³。

第二节 钢渣的化学及矿物组成

钢渣的主要化学成分有：CaO、SiO_2、FeO、Al_2O_3、MgO 等，成分组成基本稳定。

钢渣的主要矿物组成为橄榄石（$2FeO \cdot SiO_2$）、硅酸二钙（$2CaO \cdot SiO_2$）、硅酸三钙（$3CaO \cdot SiO_2$）、铁酸二钙（$2CaO \cdot Fe_2O_3$），与矿渣相似。除此之外，还有部分氟磷灰石（$9CaO \cdot 3P_2O_5 \cdot CaF_2$）和游离氧化钙（$f\text{-}CaO$）。同时，随着碱度不同，钢渣中主体矿物相有所差别。

侯贵华等[2]利用扫描电子显微镜的背散射电子像观察了 3 个钢厂转炉钢渣共 80 个试样的矿物形貌，用扫描电子显微镜、X 射线能谱仪测定了这些矿物中共 2613 个微区的元素成分，进而用统计分析的方法确定了具有相同形貌特征相的矿物类别，并用 X 射线衍射分析验证了这些试样中矿物的种类。结果表明：在高碱度钢渣中，硅酸二钙（C_2S）呈圆粒状和树叶状，硅酸三钙（C_3S）呈六方板状，铁铝钙相和镁铁相呈不规则形貌；主要矿物相为 C_2S、铁铝钙及镁铁相固溶体，还含有少量的 C_3S，游离 CaO 和 MgO；铁铝钙相的典型组成是铁铝酸钙，其表达式为 $Ca_2(Al, Fe)_2O_5$，还发现长期以来由于组成未知而被人们定名为 RO 相的物质成分是镁铁相固溶体，其代表性组成是 $MgO \cdot 2FeO$。

根据钢渣的碱度 $[R = CaO/(SiO_2 + P_2O_5)]$ 不同，可以将钢渣分为低碱度、中碱度和高碱度钢渣。目前钢渣的利用以中高度碱钢渣为主。

第三节 钢渣在水泥行业中的利用

我国钢渣的利用途径有作烧结矿原料、道路材料、回填材料、钢渣水泥和用于混凝土中的钢渣粉、地面砖和建筑用墙体材料等[1]。其中，在水泥行业，我国钢渣的主要利用途径为生产钢渣水泥。目前全国钢渣水泥年产量约 5000 万 t，在工业建筑、民用建筑、道路工程、机场道面、桥梁、大型水库等大体积混凝土工程中普遍应用已有多年的历史。

我国在20世纪60年代就开始了钢渣水泥的研制与生产。1982年中国推出了钢渣矿渣水泥品种，生产使用至今已有20多年的历史。

目前用钢渣生产的水泥基本上都是低强度等级水泥，已不能满足建筑业的需要，而且由于钢渣水泥还存在着凝结时间长、早期强度低的缺陷，产品销售不是很理想，使有些企业陷入了困境，这成为钢渣用于水泥的主要障碍。1999年朱桂林[3]提出了高标号钢渣水泥和钢渣粉、矿渣粉做水泥和混凝土掺合料的研究。

钢渣作水泥基材料掺合料，一般采用机械活化和化学活化两种方式。在化学活化上，一般加入石膏或其他碱性激发剂。据研究，利用烧石膏作为激发剂，提高钢渣水泥早期强度明显[4]。水化28d时，钢渣水泥中有害粗大孔数量减少，使微细孔分布更趋合理，孔结构性能改善，使其抗渗性、抗侵蚀性提高。利用机械方法提高钢渣的细度，增大钢渣中矿物与水的接触面积，提高矿物与水的作用力，使其钢渣结构结晶度下降而减少晶体的结合键，从而使水分子容易进入矿物内部，加速水化反应。

在机械活化上，根据研究，当钢渣比表面积达到400m²/kg时，具有非常高的活性，可作为一种高活性掺合料来使用[5]。武钢磨细钢渣粉的比表面积为（450±50）m²/kg。对钢渣作水泥掺合料进行研究得出：掺较细钢渣的水泥抗压强度较大，因而较大的比表面积增加了水化速度。在混凝土中掺加磨细钢渣粉具有良好的后期安定性[6]。磨细钢渣粉由于粉磨到了一定细度，游离的CaO和MgO被活化，在水泥水化早期就参与反应，不会造成混凝土的破坏。通过机械粉磨，并在一定激发剂作用下，能充分发挥钢渣的活性[7,8]。

朱跃刚[9]将武钢磨细钢渣粉掺入水泥中可以制备高强度的普通硅酸盐水泥、复合硅酸盐水泥和钢渣矿渣水泥。与纯硅酸盐水泥相比，掺10%与15%钢渣粉制成的普通硅酸盐水泥强度不降低，有时还略有提高，水泥强度等级达到52.5R。固定矿渣粉掺量15%或30%，钢渣粉掺量为10%~30%时，复合硅酸盐水泥强度等级可以分别达到52.5R、42.5R和42.5。同时掺加30%钢渣粉和30%矿渣粉的钢渣矿渣水泥强度标号高于425#，约相当于ISO强度方法标准的42.5强度等级。单独掺加35%钢渣粉的水泥可以达到42.5R的强度等级要求。

第四节　钢渣在水泥行业利用的瓶颈

就目前钢渣的综合利用情况来看，钢渣的利用率远不如粉煤灰和矿渣，其原因大致可以归纳为以下3点：

1. 钢渣的易磨性很差[10]。根据国标GBJ 92286有关指标，钢渣可以归类为最坚硬的岩石之列。钢渣结构致密，且含铁量高，因此较耐磨，粉磨电耗高。丁新榜等[11]针对转炉热闷罐钢渣，开展了钢渣粉磨特性以及钢渣粉体的勃氏比表面积对其胶凝活性影响的试验研究。结果表明：转炉热闷罐钢渣的勃氏比表面积$S(m²/kg)$与粉磨时间$t(min)$呈一级指数衰减关系，其方程为$S = 716.19 - 624.94 \cdot \exp(-t/56.73)$；当转炉热闷罐钢渣的勃氏比表面积为276~680m²/kg以及$W(水泥):W(钢渣):W(矿渣)=50:15:35$时，提高转炉热闷罐钢渣粉体的细度，对水泥—钢渣—矿渣胶凝材料的强度性能并无明显改善作用，有时反而产生不利影响。

罗帆、郑青[12]经过研究，在相同粉磨时间下钢渣的比表面积较熟料和矿渣高。因此，应该说它们的易磨性好，但实际上，只有在相对易磨性试验中以比表面积衡量时才显得易磨，而采用邦德功指数试验的筛余来衡量，结论则相反。

但在实际中，也有反映，如果剔除钢渣中的铁，则钢渣的易磨性与熟料基本一致。

2. 钢渣的早期活性很低[13]。钢渣中含有具有水硬胶凝性的矿物 C_3S 和 C_2S，尽管从水泥矿物学的角度看，C_3S 能对早期强度起主要作用，但是由于钢渣经高温熔融形成"死烧"，C_3S 的水化活性要在相当长的时间内才能发挥出来。再加上 C_2S 只能对后期强度作出贡献，所以在无适合激发剂的情况下，钢渣的早期水化活性很低。

3. 钢渣的安定性不良[16]。钢渣中的 f-CaO 和 MgO 含量较高。f-CaO 水化生成 $Ca(OH)_2$，体积增长 $100\% \sim 300\%$；MgO 水化生成 $Mg(OH)_2$，体积增长 77%。所以若不消除 f-CaO 和 MgO 带来的安定性问题，钢渣制品，特别是在使用的中后期，很容易出现膨胀开裂的现象。目前快速解决钢渣安定性问题的方法一般是粉磨，只有当钢渣被粉磨到一定细度时，其中的 f-CaO 和 MgO 才能被活化，在钢渣制品硬化之前提前水化。但是由于钢渣的易磨性很差，细磨钢渣需要较高的电耗，磨机的磨损率也将增大，所以仅用机械方式将钢渣粉磨至较大细度以提高其活性在经济上不一定可行。

实际上，钢渣有一个陈化过程，这一过程是钢渣处理与应用的关键，它在后期主要表现为膨胀与粉化。

游离氧化钙的水化是钢渣膨胀的重要原因，对此国内外一致公认。钢渣中含有相当量的游离氧化钙。氧化钙水化生成氢氧化钙，体积产生膨胀，从而引起浆体体积膨胀。但是冯涛[13]等人认为钢渣膨胀的产生不仅与游离氧化钙水化生成氢氧化钙有关，而且与氢氧化钙自身变化有关，在游离氧化钙水化初期，生成的多为无定型或者小晶体的氢氧化钙。无定型或者小晶体的氢氧化钙再结晶并长大，其体积继续增大，从而引起浆体体积的持续膨胀。

冯涛[13]等人则从游离氧化钙微观结构与水化活性中发现，钢渣中的游离氧化钙生成温度高，在高温环境中的停留时间长，在高温下离子的扩散速度加大，则杂质离子含量较高，且其中的杂质离子大多数为二价铁离子。钢渣中的游离氧化钙晶粒大，晶格畸变程度大，水化活性差。在宏观上稳定期长，水泥浆体中游离氧化钙水化完全所需的时间长。

对于转炉钢渣含较多的 f-CaO，碱度低，RO 相主要是以 FeO 为基体的 Fe_2O_3 固熔体，MgO 主要存在于钙镁橄榄石和镁蔷薇辉石中；碱度较高的钢渣，MgO 主要与 FeO、MnO 固熔体形成以 MgO 为基体的 RO 相；电炉还原渣中以 FeO 为基体的方解石几乎不存在，但碱度比较高，渣中 MgO 为纯方镁石晶体[14]。

钢渣中含有大量的 FeO，FeO 会被氧化、水化而引起膨胀，F. M. Lea[15] 曾提到粗玄岩混凝土由于低价铁的氧化而破坏，甚至矾土水泥中 FeO 也会氧化破坏。文献［16］认为对氧化钙的水化活性影响最大的杂质离子是 Fe^{2+}。但唐明述[17]研究认为 RO 相不会膨胀，在高温高压下也不能促其水化，但是这一问题引起人们的广泛争论。叶贡欣[18]认为 RO 相可以根据 $Km = MgO/(FeO + MnO)$ 分为两种：$Km > 1$ 的属于方镁石固熔体，要引起膨胀；$Km < 1$ 的属于方特矿固熔体，这种 RO 相不会引起膨胀。近藤连一[19]认为当 RO 中固熔体 MnO 达到一定程度后可以抑制其膨胀。

肖琪仲[20]和徐光亮[21]等人都利用 XRD、DTG 等分析方法研究了不同类型的钢渣在各种水热条件下的水化产物及其膨胀性发现 MgO 等 RO 相对钢渣的膨胀有作用。

第五节　钢渣在混凝土材料上的发展

由于钢渣的这些特性，其利用率相对较低，应用范围也较窄。目前，就建材行业而言，钢渣主要仅应用于路基垫层材料。这是由于钢渣具有容重大、表面粗糙不易滑移、耐侵蚀的特点等。钢渣另一个突出特点是在水泥和混凝土中加入钢渣，能明显提高它们的抗折强度。而在道路混凝土相关标准中，抗折强度是衡量道路混凝土性能优劣的主要指标之一，所以将钢渣作为优良的耐磨道路专用材料具有较好的发展前景[22]。另外钢渣混凝土具有良好的抗化学腐蚀的能力[23]，加之其耐磨的特性，也是理想的海工工程材料。

第六节　用于水泥中的钢渣技术要求

2008 年颁布实施的 YB/T 022《用于水泥中的钢渣》标准，对用于水泥中的钢渣规定如下表所示：

项目			要求	
钢渣的碱度 $\left(\dfrac{W(CaO)}{W(SiO_2)+W(P_2O_5)}\right)$	不小于		Ⅰ级	Ⅱ级
			2.2	1.8
金属含量（%）	不大于		2.0	
含水率（%）	不大于		5.0	
安定性	沸煮法		合格	
	压蒸法		当钢渣中 MgO 含量大于 13% 时须检验合格	

参考文献

[1] 申桂秋. 中国冶金钢铁渣综合利用现状及发展动向 [J]. 粉煤灰，2008，5.

[2] 侯贵华，李伟峰，郭伟，陈景华，罗驹华，王京刚. 转炉钢渣的显微形貌及矿物相 [J]. 硅酸盐学报，2008，4.

[3] 中国金属学会. 冶金渣处理与利用国际研讨会论文集. 见：朱桂林，孙树杉. 中国钢铁渣利用的现状和发展方向. 1999，11.

[4] 李勇，孙树杉. 提高钢渣水泥的强度和改善其性能的研究 [J]. 冶金工业部建筑研究总院院刊，1998，4.

[5] 李军华. 钢渣微粉在水泥及混凝土中的作用 [J]. 山东建材，2002，4.

[6] 孙家瑛. 磨细钢渣对混凝土力学性能及安定性能影响研究 [J]. 粉煤灰，2003，5.

[7] 陈益民等. 磨细钢渣粉作水泥高活性混合材料的研究 [J]. 水泥，2001，5.

[8] 朱桂林等. 钢渣粉作混凝土掺合料的研究 [J]. 废钢铁，2002，4.

[9] 朱跃刚，李灿华，程勇. 钢渣粉做水泥掺和料的研究与探讨. 广东化工，2005，11.

[10] 黄弘，唐明亮，沈晓冬，钟白茜. 工业废渣资源化及其可持续发展（Ⅰ）——典型工业废渣的物性和利用现状 [J]. 材料导报，2006，20（Ⅵ）.

[11] 丁新榜，赵三银，黎载波，赵旭光，周曦亚. 转炉热闷罐钢渣粉磨特性和胶凝活性的试验研究 [J]. 水泥工程，2008，5.

[12] 罗帆，郑青. 钢渣和粉煤灰易磨性试验方法的选择 [J]. 水泥，2006.（9）.

[13] 冯涛等. 若干物料中 f-CaO 的微观结构及水化活性 [J]. 建筑材料学报，2001，2（3）.

[14] 徐光亮等. 低碱度刚正基油井及地热井胶凝材料的研究——Ⅰ 碱度钢渣的化学成分、矿物组成和矿相特征 [J]. 西南工学院学报，2001，16（3）.

[15] Lea. F. M. The Chemistry of cement and concrete [M]. Third edition，1971：569.

[16] 施惠生. 氧化钙显微结构与水化活性 [J]. 硅酸盐学报，1994，22（2）.

[17] 唐明述等. 钢渣中 MgO、FeO、MnO 的结晶状态与钢渣的体积安定性 [J]. 硅酸盐学报，1979，7（1）.

[18] 叶贡欣. 钢渣中二价氧化物相及其钢渣水泥的体积安定性的惯性 [J]. 水泥学术会议论文选集 [M]. 北京：中国建筑工业出版社，1980.

[19] 近藤连一. 钢铁カテツの化学 [J]. 石膏と石灰，1977，147：13.

[20] 肖琪仲. 钢渣的膨胀破坏与抑制 [J]. 硅酸盐学报，1996，24（6）.

[21] 徐光亮等. 低碱度刚正基油井及地热井胶凝材料的研究——Ⅴ 钢渣的膨胀及抑制 [J]. 西南工学院学报，2001，16（4）.

[22] 丁庆军，李春，姜从盛等. 利用钢渣制备高耐磨水泥混凝土的研究 [J]. 混凝土，2000，9.

[23] 李东旭，付兴华，吴学权等. 钢渣水泥的耐久性研究 [J]. 水泥工程，1995，5.

第七章　其他工业废渣

第一节　赤　泥

一、概述

赤泥是生产氧化铝过程中排出的不溶性工业废渣，由于铝土矿的铁含量较高，残渣外观往往像红色的泥土，故名"赤泥"。由于赤泥的碱含量比较高，一般为 2.4% ~ 3.5%，属有害固体废弃物。

由于原材料和工艺原因，每生产 1t 氧化铝，约排出 0.5 ~ 2t 赤泥。按我国年生产 1400 万 t 氧化铝计算，我国每年约排出 700 ~ 2800 万 t 赤泥。

赤泥的含水量一般在 70% 以上，呈浆状。赤泥颗粒细小，大多在 0.08 ~ 0.25mm 之间，密度在 2.4 ~ 2.9g/cm³ 范围内，容重在 900kg/m³ 左右。

赤泥具有胶结的孔架状结构，主要由结构—凝聚体、结构—集粒体、结构—团聚体 3 级结构构成。三者之间形成了凝聚体空隙、集粒体空隙、团聚体空隙。这使赤泥具有较大的比表面积，而且以大小相差悬殊、变化幅度大为其明显特征[1]。

目前，氧化铝生产方法有三种，即拜耳法、烧结法和联合法，三种不同的方法产生的赤泥成分、性质、物相各异。

拜耳法生产工艺：铝矾土经过高温煅烧后直接进行溶解、分离、结晶、焙烧后得到了氧化铝，排出去的浆状废渣便是拜耳法赤泥。在溶解过程中采用的是强碱溶出高铝、高铁的一水软铝石型和三水铝石型铝土矿，产生的赤泥氧化铝、氧化铁、碱含量高[2]。

烧结法赤泥生产工艺：首先在铝矾土矿中加入一定量的碳酸钙，经过回转窑高温煅烧后，生成了主要成分为铝酸钠的物质，最后通过溶解、结晶、焙烧后得到了氧化铝，排出去的浆状废渣便是烧结法赤泥[2]。

联合法是烧结法和拜耳法的联合使用，联合法所用的原料是拜耳法排出的赤泥，再重新通过烧结法制得氧化铝，最后排出的浆状废渣为联合法赤泥[2]。

由于原材料的原因，我国主要是采用烧结法、联合法以一水硬铝石型铝土矿生产氧化铝，而国外则主要采用拜耳法。

二、赤泥的化学组成

在化学组成上，由于烧结法和联合法处理的是难溶的高铝、高硅、低铁的一水硬铝石型、高岭石型（前苏联用霞石）铝土矿，产生的赤泥中 CaO 含量高，碱、氧化铁以及氧化铝含量较低。虽然拜耳法赤泥中氧化铝和氧化硅的含量高，但是含碱量也高，所以利用难度比较大[2]。我国不同地区赤泥的化学成分见表 7-1[3]，性能试验所用赤泥的化学组成见表 7-2，世界不同国家的赤泥化学组成见表 7-3[4]。

表 7-1　烧结法赤泥的化学组成[3]　　%

	SiO_2	Al_2O_3	Fe_2O_3	CaO	NaO_2	K_2O	TiO_2	SO_3	烧失量
山东	18~23	5~8	8~12	40~46	2.0~2.8	0.3~0.5	2.0~2.9	0.4~0.6	9~12
贵州	19~58	11~27	5.58	40~40.07	3.77	0.67			13.32
郑州	19.5~24.0	5~8	4~5	46~50	2.6~3.3	0.5~0.6	3.2~3.9		
山西	23~24	7~8	5~6	46~48	2.49	0.20	1.49	0.52	5.81

表 7-2　赤泥的化学组成　　%

	烧失量	SiO_2	Al_2O_3	Fe_2O_3	CaO	MgO	SO_3	K_2O	Na_2O	TiO_2
中铝赤泥	18.54	12.96	19.48	12.16	24.32	1.21	0.06	1.34	2.23	3.91
焦作赤泥	22.47	22.00	6.84	9.89	34.02	2.19	0.91	R_2O：2.66		—

表 7-3　世界各国赤泥主要成分[4]

成分	SiO_2	F_2O_3	Al_2O_3	CaO	Na_2O	K_2O	TiO_2
匈牙利	10.7	33	15	—	7	—	4.3
俄罗斯	11	43	16.1	1.5	8.6	—	5.3
罗马尼亚	10.6	46.6	13.4	10.4	5.3	—	5.23
意大利	11.3	26.12	29.50	(CaO + MgO)4.8	5.5	0.05	12.32
中国山东烧结法	21.6	9.4	5.4	45.6	2.1	0.8	2.5
中国山东拜耳法	17.0	40	22.0	1.0	8.3	—	—
中国郑州烧结法	12.8	3.4	32	22	4	0.2	6.5
中国郑州拜耳法	20.5	8.1	7	45.1	2.4	0.5	7.3
中国广西拜耳法	12	23	17.2	15	4.0	1.0	5.5

从表中结果看出，不同地区、单位和国家的赤泥在化学组成上存在一定的差异，但基本都以 SiO_2、Al_2O_3、CaO、Fe_2O_3 为主，同时 R_2O 含量都比较大。

三、赤泥的矿物组成

在矿物组成上，烧结法和联合法赤泥因为添加碳酸钙和经过高温煅烧，所以里面含有一些矿相，例如 β-C_2S、γ-C_2S，所以具有一定的水硬性和一些无定形铝硅酸盐物质，在硫酸盐的作用下比较容易被激发，所以也具有一定的潜在水硬性。水泥中用的赤泥多为烧结法赤泥。虽然拜耳法赤泥中氧化铝和氧化硅的含量高，但是含碱量也高，所以利用难度比较大。物相组成也比较复杂，有赤铁矿、针铁矿、水合铝硅酸钠、方钠石、钙霞石、水化石榴石、石英、铁酸钙、石灰、石灰石、一水硬铝石等矿物[2]。

景英仁等[5]采用偏光显微镜、扫描电镜等 7 种手段对赤泥的矿物成分进行测定，发现其主要成分为文石和方解石，其次为蛋白石、三水铝石、针铁矿，另有少量的钛矿物、菱铁矿、水玻璃、铝酸钠和火碱。

文献［3］给出了烧结法赤泥的矿物组成和含量范围，见表 7-4。从中看出，烧结法赤泥中约 50% 的矿物为 C_2S，这是烧结法赤泥具有水硬性的根本原因。

表 7-4　烧结法赤泥的矿物组成[3]　　　　　　　　　　　　　　　%

$2CaO \cdot SiO_2$	$Fe_2O_3 \cdot xH_2O$	$3CaO \cdot Al_2O_3 \cdot xSiO_2 \cdot yH_2O$	$Na_2O \cdot Al_2O_3 \cdot 2SiO_2$	$Na_2O \cdot Al_2O_3 \cdot 1.75SiO_2 \cdot 2H_2O$	$CaO \cdot TiO_2$
45～55	4～7	5～10	3～8	5～15	2～15

　　焦作和中铝赤泥的 X-射线分析见图 7-1。从结果看出，两个样品的矿物组成存在很大的差异。中铝赤泥以硅、铝矿物为主，而焦作赤泥中没有发现以硅、铝为主的矿物。

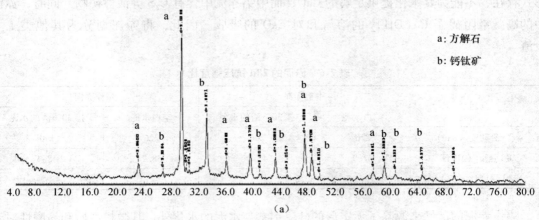

a：方解石

b：钙钛矿

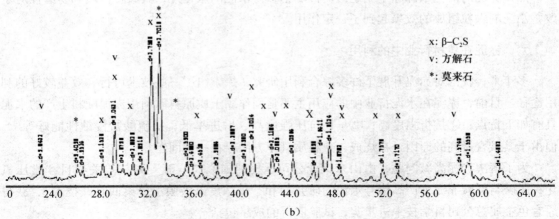

x：β-C₂S

v：方解石

*：莫来石

图 7-1　赤泥 X-射线图谱
（a）焦作赤泥 X-射线图谱；（b）中铝赤泥 X-射线图谱

四、赤泥的放射性

　　资料介绍赤泥具有放射性，对焦作赤泥进行的放射性测试结果见表 7-5。从表中结果看出，焦作赤泥放射性超出 GB 6566 的标准要求。

表 7-5　焦作赤泥的放射性

废渣名称	测试项目及结果				
	镭（Bq/kg）	钍（Bq/kg）	钾（Bq/kg）	内照射	外照射
焦作赤泥	193.8	327.2	309.3	1.0	1.9

五、赤泥的活性

经试验，中铝和焦作赤泥都具有比较高的 28d 抗压强度比，见表 7-6。表明两者都具有一定的活性。但经试验也表明，中铝赤泥具有潜在水硬性，而焦作赤泥不具有潜在水硬性，同时两者的火山灰活性试验都不合格。其原因为焦作赤泥中的 CaO 多以方解石、钙钛矿的形式存在，不能为其水化提供足够的 CaO；而中铝赤泥中含有 C_2S 等活性矿物。同时，赤泥中的高碱量阻碍了 $Ca(OH)_2$ 的溶解和对 CaO 的吸收。因此，将赤泥划分为其他类工业废渣。

表 7-6 赤泥的 28d 抗压强度比

项目	中铝赤泥		焦作赤泥	
	空白水泥	掺 30% 渣的水泥	空白水泥	掺 30% 渣的水泥
胶砂流动度（mm）	226	206	226	190
28d 强度（MPa）	57.0	47.2	58.7	48.4
28d 强度比（%）	82.8		77.3	

焦作赤泥的活性来源除了无定形的硅、铝参与水泥的水化外，其微粉性质和易磨性对于改善水泥的颗粒组成的效果起到了一定作用。

六、赤泥在建材行业中的利用

多年来，我国对赤泥开展了许多综合利用研究，探索出了一些技术可行、效益较好的利用途径。目前，赤泥在水泥行业中的应用主要是用作黏土质原料。利用赤泥配料生产的水泥具有如下特点：①抗折强度高；②早期抗压强度高、增进率低；抗硫酸盐侵蚀性能好等[3]。但由于其碱含量高的原因，在烧成、熟料质量等方面存在一些问题。

为了解决赤泥高碱问题，由山东铝业公司承担的国家"八五"科技攻关项目"常压氧化钙脱碱与低碱赤泥生产高标号水泥的研究"和"低浓度碱液膜法分离回收碱技术"，获得原有色金属总公司科学技术进步奖，试验取得的成果包括[4]：

（1）降低氧化铝生产碱粉消耗，赤泥结合碱由 215 % ~315 % 降至 110 % 以下。

（2）可提高赤泥配比，赤泥配料由 15 % 提高到 45 %。

（3）降低水泥熟料煤耗及原料磨细电耗。

（4）节约水泥生产原料石灰石、砂岩、铁粉的消耗。

（5）提高水泥熟料质量，可以提高水泥一个强度等级，且避免了高碱水泥对工程的隐患。

（6）可从废液中回收碱，中试结果，每吨氧化铝可回收碱粉 36kg，从而降低氧化铝生产消耗，解决含碱废水对生态环境的污染，创造了氧化铝生产赤泥废液零排放的良性模式。

除此之外，利用赤泥为主要原料可生产多种砖，如免蒸养砖、粉煤灰砖、黑色颗粒料装饰砖、陶瓷釉面砖等。将赤泥与少量的石灰和粉煤灰以适当的比例制备的新型赤泥道路基层材料，完全符合国家标准，并且有较好的冻稳定性和干缩、温缩性[6]。将赤泥、粉煤灰、石渣等工业废料以适当比例混合，加入固化剂，加水搅拌后直接压制成型并养护，可制出符合国标的免蒸养砖。将赤泥结合粉煤灰等其他废料可以制作烧结砖。目前已研制出利用赤泥、粉煤灰等加入一定的天然矿物添加剂制备出的高性能的艺术型清水砖[7]，孔隙率达到40% ~ 50%，抗折强度可达到 50 ~ 85MPa。

由于其具有微细粉的物理性质，用作混合材时可改善水泥的颗粒组成、近而在改善水泥的性能上应有一定的应用前景。利用赤泥做水泥混合材料，我国在 20 世纪 50 年代即已开始研究，并曾用于生产赤泥硫酸盐水泥，但由于其早期强度低、易碳化、稳定性差等原因，已停止生产。如用熟料代替矿渣，熟料的用量提高到 50% 以上，赤泥用量在 40% 以下，水泥的早期强度、碳化性能、质量稳定性都有所改善[8]。但由于其高碱含量、高保水性的特点，目前在水泥混合材的利用上受到限制，未能大量的利用。

七、赤泥对水泥性能的影响

（一）对水泥使用性能的影响

1. 对水泥标准稠度的影响

赤泥对水泥标准稠度的影响见图 7-2。从图中结果看出，两种赤泥的影响不同。中铝赤泥对水泥标准稠度几乎没有影响，而随着焦作赤泥用量的增加，标准稠度用水量呈现增加趋势。

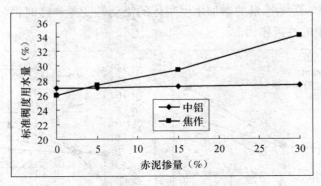

图 7-2　赤泥对水泥标准稠度的影响

2. 对水泥凝结时间的影响

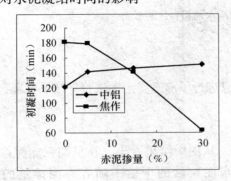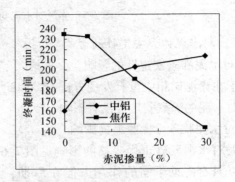

图 7-3　赤泥对水泥凝结时间的影响

113

赤泥对水泥凝结时间的影响见图7-3。从图中的结果看出，两者对凝结时间的影响也不一样。随着中铝赤泥用量的增加，凝结时间呈现延长趋势；而随着焦作赤泥用量的增加，凝结时间反而出现缩短的现象。其原因有待深入研究。

3. 对水泥胶砂流动度的影响

赤泥对胶砂流动度的影响见图7-4。从图中结果看出，两种赤泥对胶砂流动度的影响规律一致，即都随赤泥用量的增加而下降，只不过用焦作赤泥的下降幅度大而已。

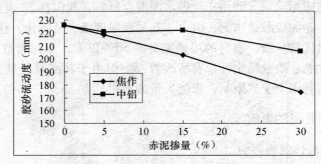

图7-4　赤泥对水泥胶砂流动度的影响

4. 对水泥与减水剂相容性的影响

赤泥对水泥与减水剂相容性的影响见图7-5。从图中结果看出，两者表现出了一定的相似性，即掺量大于5%后随掺量的增加水泥浆体的流动性变差、经时损失率增加。不同的是中铝赤泥表现为一定的改善作用。

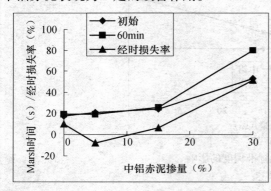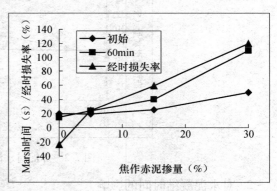

图7-5　赤泥对水泥与减水剂相容性的影响

（二）对水泥体积安定性的影响

1. 对水泥沸煮安定性的影响

由于在赤泥矿相中没有发现方镁石，因此只进行了沸煮安定性试验。结果全部合格，表明赤泥对水泥的沸煮安定性没有影响。

2. 对水泥胶砂干燥收缩的影响

赤泥对水泥胶砂干燥收缩的影响见图7-6。从图中结果看出，在早期，赤泥掺量小于15%时，具有降低干缩的作用。但在后期，水泥胶砂的干缩率随着赤泥掺量的增加而增大。

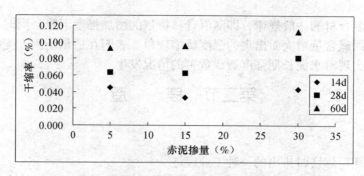

图7-6　赤泥对水泥胶砂干燥收缩的影响

（三）对水泥耐久性的影响

1. 对水泥抗冻融性能的影响

赤泥对水泥抗冻融性能的影响见图7-7。从图中结果看出，两者多表现出改善水泥抗冻融性能的现象。

2. 对水泥抗硫酸盐侵蚀的影响

赤泥对水泥抗硫酸盐侵蚀的影响见图7-8。从图中结果看出，两个赤泥的作用效果截然相反，中铝赤泥劣化水泥的抗硫酸盐侵蚀能力，而焦作赤泥则改善水泥的抗硫酸盐侵蚀能力。

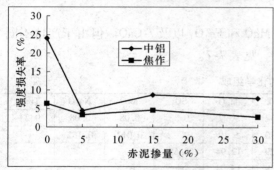

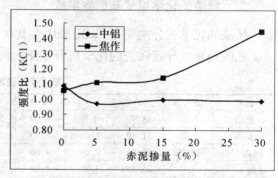

图7-7　赤泥对水泥抗冻融性能的影响　　　　图7-8　赤泥对水泥抗硫酸盐侵蚀的影响

（四）对水泥力学性能的影响

赤泥对水泥力学性能的影响见图7-9。从图中结果看出，在少量掺加赤泥时，赤泥具有提高水泥早期强度的作用，原因是由于赤泥中含有的碱以及赤泥微粉的填充作用所致。但掺

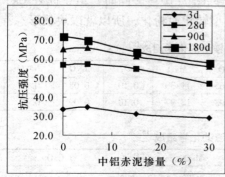

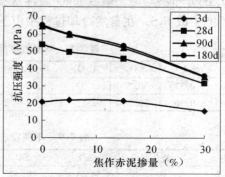

图7-9　赤泥对水泥力学性能的影响

量增加后则追寻混合材的一般规律，即随混合材掺量的增加强度下降。同时，也看出，使用赤泥后没有出现因碱含量增大而出现的强度倒缩现象。表明在适量使用赤泥时，不会由于赤泥的碱含量高而出现对水泥长期强度造成危害的情况发生。

第二节 镁 渣

一、概述

镁渣是金属镁厂炼镁时排出的一种工业废渣。

金属镁的生产首先将白云石在 900℃ 左右烧成石灰，然后将石灰粉放入还原罐进行金属镁还原，这时的温度大约在 1250～1350℃。金属镁提出后，出罐的废渣温度大约在 1000～1200℃。该渣一般不经水淬，自然冷却。由于在自然冷却过程中，废渣中的 β-C_2S 向 γ-C_2S 转变，所以镁渣大部分颗粒细小，呈灰色粉末状。在干燥情况下，具有一定流动性，易飞扬污染环境和大气，遇水后凝结成块，具有一定强度。

金属镁的生产主要分布于我国的华北、西北和东北地区。根据资料，2007 年我国金属镁的产量达到了 63 万 t，位居世界首位。而生产 1t 金属镁，约产生 9t 的镁渣。因此，现在我国每年排出的镁渣约 540 万 t。

二、镁渣的化学组成及矿物组成

镁渣的化学成分主要为 CaO、SiO_2，其次为 MgO 和 Fe_2O_3 以及 f-CaO。但由于产地不同及工艺的差异，导致镁渣的化学成分变化比较大，见表 7-7。

表 7-7 镁渣的化学组成 %

名称	烧失量	SiO_2	Al_2O_3	Fe_2O_3	CaO	MgO	SO_3	K_2O	Na_2O	TiO_2
唐山	5.67	28.99	1.5	5.48	50.32	9.22	0.33	0.08	0.08	0.23
安徽	0.80	31.49	1.46	5.75	54.90	5.19	—	0.012	0.152	—
河南[11]	18.20	20.05	2.94	4.60	37.29	12.94	0.65	—	—	—
镁渣 1[12]	1.0	26.48	4.76	1.04	51.39	14.04	—	—	—	—
镁渣 2[12]	0.8	29.16	5.97	1.64	53.62	7.04	—	—	—	—

另外，根据研究资料，MgO 含量在颗粒状和粉末状废渣中的含量不同。颗粒状废渣中的 MgO 含量高于粉末状废渣中的 MgO 含量，见表 7-8[9] 和表 7-9[10]。出现此种现象的原因为 $MgCO_3$ 的分布不均匀，造成 MgO 局部富集，见图 7-10[9]。同时，由于此处 Ca、Si 等成分少，不能生成 C_2S，在自然冷却过程中由于晶型转化而粉化，所以就以块状形态存在。

表 7-8 不同粒度闻喜镁渣的化学组成[9] %

粒度	烧失量	SiO_2	Al_2O_3	Fe_2O_3	CaO	MgO	SO_3	K_2O	Na_2O	f-CaO
(≤0.5mm)	0.33	30.73	1.32	5.95	50.65	11.30	0.10	0.08	0.10	1.13
(≥0.5mm)	0.36	30.28	2.15	5.67	48.93	12.97	0.10	0.09	0.12	1.37

表 7-9 不同状态镁渣的化学组成[10] %

形态	烧失量	CaO	SiO_2	MgO	Fe_2O_3	f-CaO	Al_2O_3
粉状样	0.62	54.51	28.82	7.40	5.64	1.53	1.23
粒状样	0.73	45.47	25.62	14.26	5.16	7.60	0.96

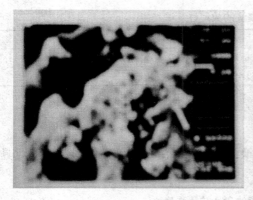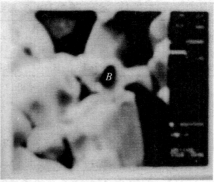

图7-10 镁渣SEM图（右图中B点为MgO）[9]

根据资料［10］，镁渣的化学成分主要为CaO、SiO$_2$，其次为MgO和Fe$_2$O$_3$以及f-CaO。主要矿物组成为β-C$_2$S、γ-C$_2$S、结晶MgO（方镁石）、Mg$_3$N$_2$和游离态的CaO，见图7-11。

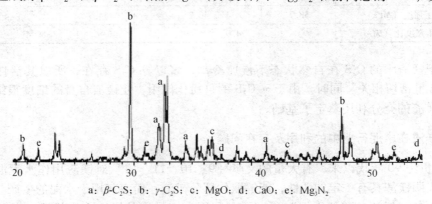

a：β-C$_2$S；b：γ-C$_2$S；c：MgO；d：CaO；e：Mg$_3$N$_2$

图7-11 镁渣的XRD图[10]

对唐山镁渣的X-射线分析见图2-2a。结果表明唐山镁渣的矿物组成为γ-C$_2$S、β-C$_2$S、Ca(OH)$_2$、f-CaO和方镁石。与资料的报道有所区别，但同时两者都存在对水泥长期安定性有害的方镁石。

三、镁渣的放射性

2000年，中国建筑材料科学研究总院在对山西闻喜镁渣进行研究时对其放射性进行了测试，结果见表7-10，检验结论符合GB 6763—86的标准要求[9]。按现行的放射性测定方法（GB 6566—2001）表示，其内外照射指数应小于0.1。表7-11为安徽镁渣的放射性测试结果，结果显示安徽镁渣没有放射性物质存在。表明镁渣的放射性物质含量很低，对人体不会造成伤害。

表7-10 山西闻喜镁渣的放射性[9]

废渣名称	测试项目及结果		
	镭（Bq/kg）	钍（Bq/kg）	钾（Bq/kg）
闻喜镁渣	9.0	6.5	未检出

表 7-11　安徽镁渣的放射性测试结果

废渣名称	测试项目及结果				
	镭（Bq/kg）	钍（Bq/kg）	钾（Bq/kg）	内照射	外照射
安徽镁渣	未检出	未检出	未检出	0	0

四、镁渣的活性

由于镁渣的主要矿物组成为 C_2S，所以镁渣多为具有潜在水硬性的材料，同时具有一定的活性，镁渣的 28d 抗压强度比见表 7-12。

表 7-12　镁渣的 28d 抗压强度比

	唐山镁渣		安徽镁渣	
	空白水泥	掺30%渣的水泥	空白水泥	掺30%渣的水泥
胶砂流动度（mm）	220	197	201	202
28d 抗压强度（MPa）	53.7	40.2	54.7	44.0
28d 抗压强度比（%）	74.9		80.4	

但由于镁渣中的 C_2S 在自然状态下慢速冷却，多以 $\gamma\text{-}C_2S$ 存在，所以其活性的大小与 $\beta\text{-}C_2S$ 的含量密切相关。同时，由于 $\gamma\text{-}C_2S$ 的自粉化作用，使镁渣自身的细度很细，且比较易磨，为镁渣的充分利用奠定了基础。

五、镁渣在水泥行业中的利用及存在问题

自 20 世纪 90 年代以来，有大量的文献［9、10、11、12］对镁渣用作水泥混合材进行了研究，表明镁渣具有一定的活性，能够取代部分矿渣、粉煤灰用于水泥的生产。山西广灵还建起了一条"镁渣硅酸盐水泥"生产线，利用本地排出的镁渣生产镁渣硅酸盐水泥。但如果控制不好，镁渣中的方镁石有引起水泥安定性不良的可能性。为此，原国家建材局 2000 年发出《关于规范使用金属镁渣生产水泥的通知》，要求禁止使用金属镁渣作为混合材生产 GB 175 和 GB 1344 规定的水泥。当用于生产复合硅酸盐水泥时，必须按照 GB 12958《复合硅酸盐水泥》附录 A《启用新开辟的混合材料的规定》中规定的程序，由国家级水泥质检机构进行充分试验和鉴定，并对启用的镁渣制定相应的技术标准，经省市建材主管部门批准方可生产，同时要确保出厂水泥安定性合格，否则禁止生产和使用。此类水泥产品销售时，各生产企业要向用户说明，并跟踪使用情况，定期向行业主管部门报告。各级建材主管部门要严格管理，对违反强制性标准的行为要协商有关部门予以严厉查处[13]。因此，对于镁渣在水泥中的应用，应经过大量的试验研究，并制定相应的标准和应用规范，规范镁渣的应用。

六、镁渣对水泥性能的影响

（一）对水泥使用性能的影响

1. 对水泥标准稠度的影响

镁渣对水泥标准稠度的影响见图 7-12。从图中结果看出，唐山镁渣掺量在 15% 以内时，对水泥的标准稠度基本没有影响；大于 15% 后，标准稠度随镁渣掺量的增加成对数

增加。而安徽镁渣的掺量无论多大，对标准稠度用水量的影响基本在同一个水平，与掺量的多少无关。

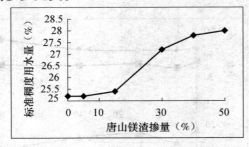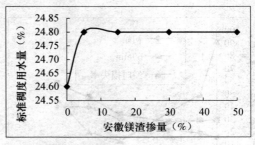

图 7-12　镁渣对水泥标准稠度的影响

2. 对水泥凝结时间的影响

镁渣对水泥凝结时间的影响见图 7-13。从图中结果看出，唐山镁渣在掺量小于 30% 时，凝结时间基本随掺量的增加而延长，但大于 30% 后，表现为稳定或略有缩短。而安徽镁渣对凝结时间的影响基本为线性关系，即随着镁渣掺量的增加而线性延长。

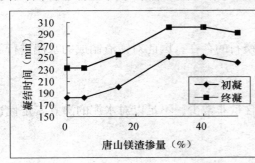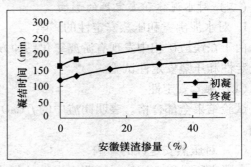

图 7-13　镁渣对水泥凝结时间的影响

3. 对水泥胶砂流动度的影响

镁渣对水泥胶砂流动度的影响见图 7-14。从图中结果看出，随镁渣掺量的增加，水泥胶砂流动度基本呈线性降低。

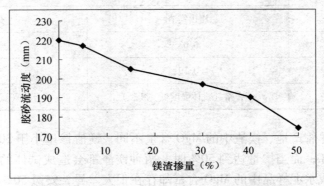

图 7-14　镁渣对水泥胶砂流动度的影响

4. 对水泥与减水剂相容性的影响

镁渣对水泥与减水剂相容性的影响见图 7-15。从图中结果看出，两个镁渣表现不同。

唐山镁渣只有对经时损失有利，却降低了水泥浆体的流动性，而安徽镁渣则对浆体的流动性和经时损失的影响远远小于唐山镁渣。

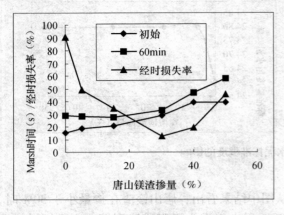 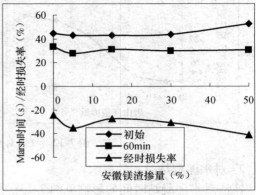

图 7-15 镁渣对水泥与减水剂相容性的影响

（二）对水泥体积安定性的影响

1. 对水泥沸煮和压蒸安定性的影响

由于在镁渣矿相中发现有游离氧化钙和方镁石的存在，因此对镁渣制成的水泥进行了沸煮安定性和压蒸安定性试验。

（1）沸煮安定性

试验结果全部合格。表明镁渣中的 f-CaO 含量非常少，不足以对水泥的沸煮安定性造成影响。

（2）对压蒸安定性的影响

本研究所进行的镁渣对压蒸安定性的影响见表 7-13。表中的水泥样品为单掺镁渣所制成的镁渣掺量不同的水泥样品，没有掺加其他混合材来抑制方镁石的膨胀作用。

表 7-13 镁渣对压蒸安定性的影响

废渣掺量（%）	膨胀率（%）	
	唐山镁渣	安徽镁渣
0	0.03	−0.03
30	0.19	0.04
50	不合格（试体强度低，断裂）	不合格（试体强度低，断裂）

从结果看出，尽管产地、镁渣中的 MgO 含量不同，镁渣掺量小于 30% 时，两种镁渣都不会造成试体的破坏；而当掺量达到 50% 时，两种镁渣都会造成试体的强度降低、结构破坏。而两种镁渣制成水泥样品中的 MgO 含量却存在很大差异，安徽 50% 镁渣制成水泥中的 MgO 含量仅有 3.12%，而唐山 50% 镁渣制成水泥中的 MgO 含量为 5.46%，见表 7-14，表明除了 MgO 含量因素外，还有其他因素影响镁渣制成水泥的压蒸安定性。根据研究资料，这些因素为 MgO 的颗粒尺寸、富集程度等。

2000 年，中国建筑材料科学研究总院对山西闻喜镁渣进行了深入研究[9]。该研究发现，在熔块状样品中，由于 MgO 含量高不能自粉化，从而出现 MgO 的富集现象。因此，除了控制镁渣中的 MgO 含量外，还应控制镁渣的颗粒粒度，剔除 MgO 富集的块状料。

表 7-14　制成水泥样品的 MgO 含量

镁渣掺量	MgO 含量（%）	
	唐山镁渣	安徽镁渣
0%	2.2	1.08
5%	2.53	1.28
15%	3.18	1.69
30%	4.15	2.30
40%	4.8	—
50%	5.46	3.12

表 7-15 和表 7-16 为 2000 年中国建筑材料科学研究总院对山西闻喜镁渣进行研究的试验结果[9]。这些结果包括了镁渣的处理工艺、镁渣的 MgO 含量、镁渣的颗粒大小、镁渣和矿渣复掺等因素对压蒸安定性的影响。

表 7-15　单掺镁渣水泥的压蒸膨胀结果[9]

样品	第一次取样		第二次取样	
	>0.05mm	≤0.05mm	风冷	淬冷
膨胀率（%）	不合格	不合格	0.18	0.24
镁渣中的 MgO 含量（%）	12.97	11.30	9.74	

注：镁渣的掺量为 20%。

表 7-16　复掺混合材水泥的压蒸膨胀结果[9]

样品	混合材掺量（%）		膨胀率（%）
	镁渣	矿渣	
1	20	20	0.18
2	25	36	0.16

综合以上试验结果，可以得出如下结论：

（1）除了镁渣中的 MgO 含量影响压蒸安定性外，镁渣中 MgO 的富集程度也影响压蒸安定性。所以，用于水泥中的镁渣应是自粉化后的细颗粒部分；

（2）当镁渣中的 MgO 含量小于 10% 时，在控制水泥中总 MgO 含量的条件下，不会对压蒸体积安定性造成影响，不论镁渣是否经过特殊处理；

（3）当水泥中总的 MgO 含量小于 4.5% 时，在镁渣中的 MgO 没有富集的情况下镁渣不会对压蒸体积安定性造成影响；

(4) 当镁渣和其他混合材共掺时，可以抑制镁渣中方镁石的膨胀作用。

2. 对水泥胶砂干燥收缩的影响

镁渣对水泥胶砂干燥收缩的影响见图7-16。从图中结果看出，镁渣的用量小于20%时，降低了水泥胶砂的干燥收缩，但用量在20%～30%时却使水泥胶砂的干燥收缩有所增加，然后又降低水泥胶砂的干燥收缩，但总体降低水泥胶砂的干燥收缩，利于水泥胶砂的体积稳定性。

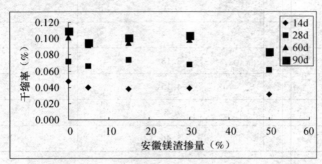

图7-16 镁渣对水泥胶砂干燥收缩的影响

(三) 对水泥耐久性的影响

1. 对水泥抗冻融性能的影响

镁渣对水泥抗冻融性能的影响见图7-17。从图中结果看出，在掺量40%以前，镁渣的使用不恶化水泥的抗冻融性能，但掺量大于40%后，两个镁渣样品对性能的影响不同，唐山镁渣具有明显改善作用，而安徽镁渣具有恶化作用。这可能与镁渣含有的 C_2S 量、是否能密实水泥浆体结构有关。

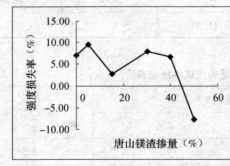
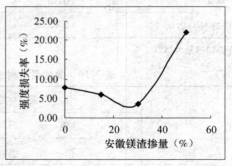

图7-17 镁渣对水泥抗冻融性能的影响

2. 对水泥抗硫酸盐侵蚀的影响

图7-18为镁渣对抗硫酸盐侵蚀的影响。从图中结果看出，当镁渣的用量小于15%时，两个镁渣都使水泥的抗硫酸盐侵蚀能力有所下降；镁渣的用量大于15%后，唐山镁渣提高了水泥的抗硫酸盐侵蚀能力。而安徽镁渣则使水泥的抗硫酸盐侵蚀能力与空白水泥基本持平，但掺量大于40%后，又使水泥的抗硫酸盐侵蚀能力下降。

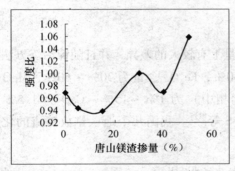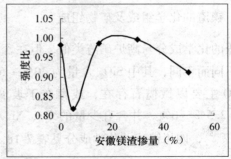

图 7-18　镁渣对抗硫酸盐侵蚀的影响

（四）对水泥力学性能的影响

图 7-19 为镁渣对水泥力学性能的影响。从图中结果看出，镁渣的使用没有对水泥的后期强度发展造成负面影响，甚至后期强度发展强劲。

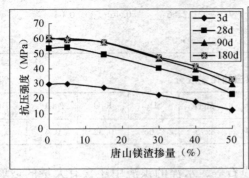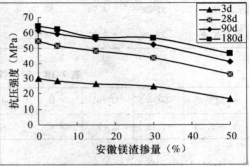

图 7-19　镁渣对水泥力学性能的影响

第三节　镍　渣

一、概述

镍渣是在冶炼金属镍过程中排放的一种工业废渣，即在冶炼镍过程中所形成的以 FeO_2、SiO_2 为主要成分的熔融物经水淬后形成的粒化炉渣（也有部分企业不经水淬而直接外排）。

镍的冶金方法分为火法和湿法两大类，我国镍的生产主要采用硫化镍矿的火法冶炼，采用的生产工艺有电炉熔炼、闪速炉熔炼和鼓风炉熔炼等 3 种，其中闪速炉熔炼工艺比较先进，我国甘肃的金川集团采用的就是这种生产方法，它的特点是将焙烧和熔炼工序结合在一起，反应迅速、能耗低、污染小[14]。

随着经济的发展，我国的镍产量近几年增长较迅速，1997 年仅为近 4 万 t，而 2004 年则达 6.7 万 t。采用闪速炉熔炼法生产 1t 镍约排出 6～16t 渣，仅金川集团每年就要排放近 80 万 t 镍渣（主要为镍闪速熔炼水淬渣和矿热电炉渣），年利用约 10 万 t，其余堆积在公司的渣场，累计堆存量已达 1000 万 t[14]。目前，我国每年约产生 80 万 t 镍渣。

二、镍渣的化学组成及矿物组成

镍渣的化学成分与高炉矿渣类似，但在含量上有较大的差异，并且随镍冶炼方法和矿石来源的不同而不同，其中 SiO_2 含量为 30% ~ 50%，Fe_2O_3 含量为 30% ~ 60%，MgO（镍渣中的 MgO 主要以橄榄石存在，或存在于玻璃相中）为 1% ~ 15%，CaO 为 1.5% ~ 5%，Al_2O_3 为 2.5% ~ 6%，并含有少量的 Cu、Ni、S 等[15]。我国几个地区排放镍渣的化学成分见表 7-17[15]，四川镍渣的化学成分见表 7-18。

表 7-17　镍渣的化学成分[15]　　　　　　　　　　　　　　　　　　　%

产地	SiO_2	Al_2O_3	Fe_2O_3	CaO	MgO	K_2O	Na_2O	MnO
新疆喀拉通	36.98	2.71	53.88	4.02	1.24	0.48	0.46	0.13
吉林镍业	48.31	5.93	27.45	2.88	15.15			
金川集团	31.28	4.74	57.76	1.73	2.66	0.46	0.04	
广东禅城矿业	33.98	2.32	54.82	1.59	5.07			

表 7-18　四川镍渣的化学成分　　　　　　　　　　　　　　　　　　　%

产地	烧失量	SiO_2	Al_2O_3	Fe_2O_3	CaO	MgO	SO_3	K_2O	Na_2O	TiO_2
四川	-5.25	41.18	3.43	44.42	5.84	8.75	0.06	0.32	0.4	0.42

镍渣中的主要矿物相有辉石（含镁）、橄榄石等，水淬的镍渣中还含有大量的玻璃相，玻璃相的含量与渣排出时的温度、水淬速度等有关。文献 [16] 对金川镍闪速熔炼渣的物相研究表明，在水淬镍渣中主要存在 3 种组织：①呈柱状分布的铁镁橄榄石 $(Fe, Mg)_2SiO_4$ 结晶相及铁橄榄石 Fe_2SiO_4 结晶相；②结晶相之间不规则状的硅氧化物填充相；③星散状分布于上述 2 种组织之间的铜镍铁硫化物。

对四川镍渣的 X-射线衍射分析见图 7-20。从图中分析结果看出，镍渣的矿物组成以玻璃相为主，同时含有一定量的铁镁橄榄石、铁橄榄石和少量的 SiO_2。MgO 共融于其他矿物中，没有单独结晶的方镁石存在。同时，由于镍渣的高铁、高硅特性，形成的熔融

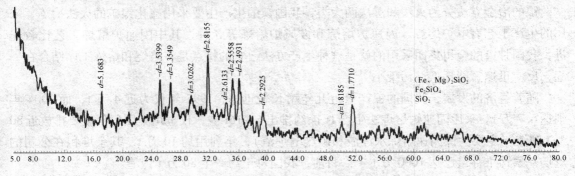

图 7-20　四川镍渣 X-射线图谱

相是以 $FeO_2 SiO_2$ 为主，与普通的高炉矿渣、磷渣、钢渣和粉煤灰等的玻璃相组成有所不同。

三、镍渣中的重金属

表 7-19 为四川镍渣中的重金属总量检测结果。从结果看出，虽然镍渣中含有重金属，但镍渣中的重金属总量很低。同时，通过水溶性金属镍含量的测定，表明大部分的镍以化合的形态存在于矿物中，而以游离形态存在的水溶性金属镍的含量很低，远远低于 GB 4284《农用污泥中污染物标准》的限量，在水泥中使用镍渣不会对人类产生危害。

表 7-19　四川镍渣中的重金属

项目	铜	镍	水溶性六价铬	水溶性镍
含量（mg/kg）	1.35	1.64	0.07	0.42

四、镍渣的活性及机理

经试验，研究所用四川镍渣的潜在水硬性和火山灰性都不合格，为非活性材料。但其却具有比较高的 28d 抗压强度比，见表 7-20。

表 7-20　四川镍渣的 28d 抗压强度比

项目	四川	
	空白水泥	掺30%渣的水泥
胶砂流动度（mm）	226	227
28d 强度（MPa）	57.0	40.8
28d 强度比（%）	71.6	

对于镍渣的活性机理，文献［15］介绍：水淬急冷的镍渣，由于其玻璃相中含有少量 CaO、Al_2O_3，因而在碱性介质，如硅酸盐水泥的水物 $Ca(OH)_2$ 的激发下具有潜在的水硬性，可作为水泥的混合材，而慢冷的镍渣不具有水硬活性，能作为水泥混凝土的集料使用。对与镍渣化学和结构非常类似的诺兰达炉渣的研究表明[17]，玻璃相中的 FeO 也是一种活性组分，在碱的作用下会生成 $Fe(OH)_2$ 和 $Fe(OH)_3$ 凝胶，填充在其水化产物中起到填充和骨架的作用。

但文献［15］介绍的活性机理不能解释前面的试验结果。即根据现有的方法，结果表明镍渣为非活性材料，在 28d 以后才能参与水泥的水化（参见镍渣对力学性能的影响），但四川镍渣却具有比较高的 28d 抗压强度比。

掺加 30% 镍渣水泥的 3d、28d 水化浆体进行的 X-射线衍射分析和 SEM 电镜分析见图 7-21 和图 7-22。

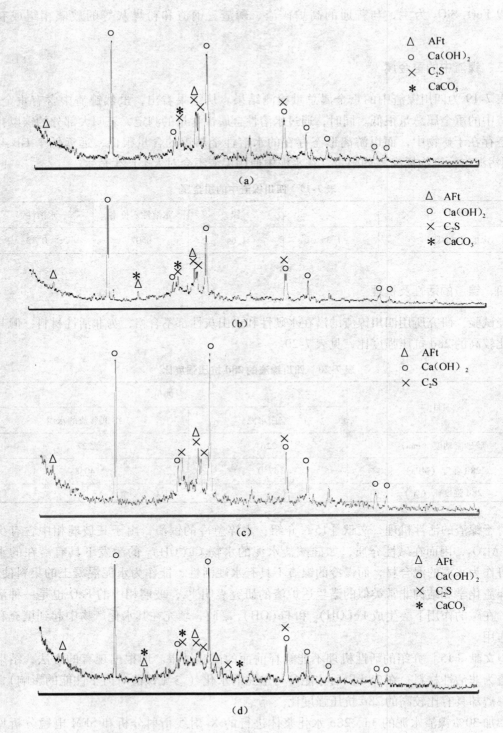

图 7-21

(a) PO 水泥水化 3d X-射线衍射图;(b) 掺 30% 镍渣水泥水化 3d X-射线衍射图;

(c) PO 水泥水化 28d X-射线衍射图;(d) 掺 30% 镍渣水泥水化 28d X-射线衍射图

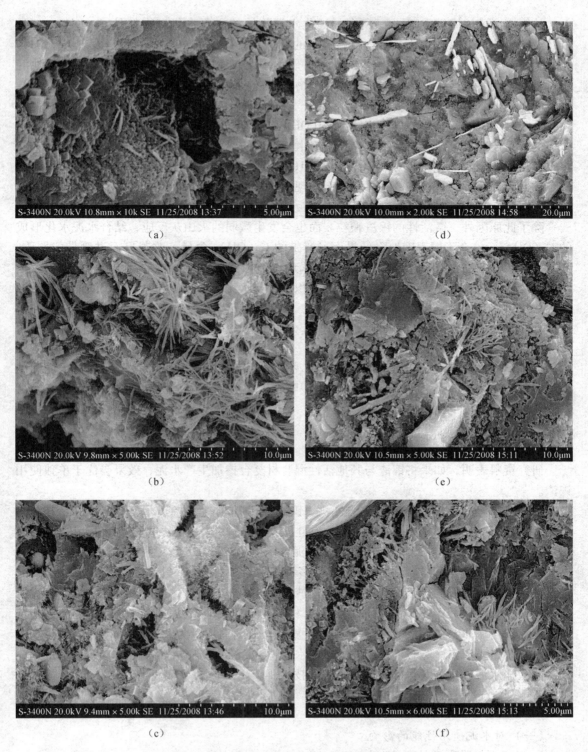

图7-22 水化硬化浆体电子扫描照片

(a) PO-3dSEM 照片；(b) NZ30-3dSEM 照片；(c) NZ30-3dSEM 照片；

(d) PO-28dSEM 照片；(e) NZ30-28dSEM 照片；(f) NZ30-28dSEM 照片

从 X-射线衍射图可以看出，所有的硬化水泥浆体的主要水化产物都是 $Ca(OH)_2$、AFt 以及没有水化的 $\beta\text{-}C_2S$ 和作为混合材料掺入的石灰石（$CaCO_3$），同时也没有发现 $Fe(OH)_2$ 和 $Fe(OH)_3$ 凝胶的存在，表明镍渣的使用对硬化水泥浆体的水化产物没有影响，和其他混合材料的作用一样，不会形成特别的水化产物。但掺入镍渣后，水化水泥浆体中的 $Ca(OH)_2$ 含量明显降低，特别是 28d 龄期的样品。

由于掺入镍渣后导致的早期浆体中 $Ca(OH)_2$ 含量降低，所以掺加镍渣的 3d 水化硬化浆体中的 AFt 快速形成，并以纤维状存在，但由于镍渣的稀释作用，AFt 的含量低于 PO 水泥。在水化后期，两者的主要区别为结晶 $Ca(OH)_2$ 的含量。在 PO 水泥浆体中有大量的结晶 $Ca(OH)_2$ 存在，而掺加镍渣的浆体中没有发现，这是镍渣改善水泥性能的主要原因，即降低了 $Ca(OH)_2$ 的含量以及定向结晶程度，改善水泥浆体与集料的界面过渡带性能。

除了此原因外，微活性的镍渣颗粒表面也会发生微弱的火山灰反应，结合水泥水化形成的 $Ca(OH)_2$，也会不同程度地降低界面过渡带的 $Ca(OH)_2$ 含量，改善界面过渡带的性质。同时，从掺加 30% 镍渣 28d 的浆体的 SEM 来看，其中仍然存在可见的纤维状 AFt，以及未水化的镍渣颗粒，一是表明镍渣 28d 以后才积极参与水泥的水化，同时表明镍渣能够为水泥的水化提供充足的 Al^{3+} 和 Fe^{2+}，以连续生成 AFt 产物（参见镍渣对水泥胶砂干缩性能和抗硫酸盐侵蚀性能的影响）。而后期 AFt 的连续生成，为水泥浆体的密实化提供了条件，也为水泥强度的发挥奠定了基础。

另外，从水泥标准稠度用水量和胶砂流动度试验结果分析看出（参见镍渣对水泥标准稠度和胶砂流动度的影响），掺加镍渣后水泥颗粒堆积的紧密化，是 28d 抗压强度比高的另一个原因。

五、镍渣在水泥行业中的应用研究

研究资料表明，如果将镍渣与其他活性混合材复合掺加生产水泥，效果会优于单独使用镍渣。

如利用镍渣炉矿渣生产复合硅酸盐水泥，镍渣在其中的掺量达到 15%～50%，矿渣掺量为 10%～20%，石灰石为 8%～10%，其余为硅酸盐水泥熟料。共同磨至比表面积为 400～500m^2/kg，可以生产 GB 12958《复合硅酸盐水泥》中规定 325、425 和 525 号复合硅酸盐水泥[18]。

费文斌[19]等利用钢渣、矿渣、镍渣等多种工业废渣，掺入少量熟料、石膏和激发剂，进行生产少熟料水泥的研究，结果表明，镍渣具有非常好的活性，与矿渣非常接近，略优于钢渣，按标准 GB 12957—91《用作水泥混合材料的工业废渣活性试验方法》测定的 28d 抗压强度比超过了 90%，属于活性混合材。在复合外加剂的掺量为 5%～8%、熟料的掺量为 10%、其余掺矿渣和镍渣时，生产的少熟料水泥符合标准 GB 1344—92《矿渣、火山灰、粉煤灰硅酸盐水泥》中 325 号和 425 号水泥的技术要求。

六、四川镍渣对水泥性能的影响

（一）对水泥使用性能的影响

1. 对水泥标准稠度的影响

镍渣对水泥标准稠度的影响见图 7-23。从图中结果看出，水泥标准稠度用水量基本随镍渣掺量的增大而减小，表明镍渣的使用能够降低水泥的标准稠度需水量。其原因主要为镍渣的微粉填充效应和粗粉的微集料作用。根据乔龄山的介绍，K. Kuhlmanm 等为了确证水泥物理用水量与化学用水量的比例，用相同颗粒分布的波特兰水泥和石灰石粉做对比试验，一组试样为 n 值固定为0.86，改变 X′值。另一组试样为 X′值固定为16μm，改变 n 值。石灰石粉用氢氧化钙水溶液拌合，借以模拟水泥加水后的浆体实况，使石灰石颗粒与熟料颗粒一样都处在氢氧化钙水溶液中被润湿表面。对比试验采用相同水泥浆稠度，化学结合水由加水后16min 的浆体经化学分析得出，总用水量减去化学结合水量便是物理用水量。结果表明水泥物理用水量超过了总用水量的90%，化学结合水不足10%[20]，即水泥颗粒的紧密填充能够大幅度降低水泥的需水量。

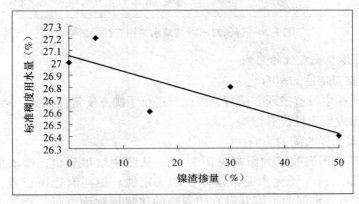

图 7-23　镍渣对水泥标准稠度的影响

2. 对水泥凝结时间的影响

镍渣对水泥凝结时间的影响见图 7-24。从图中结果看出，镍渣的使用延长了水泥的凝结时间，且用量越大延长得越多。

3. 对水泥胶砂流动度的影响

镍渣对水泥胶砂流动度的影响见图 7-25。从图中结果看出，胶砂流动度基本随镍渣掺量的增大而提高，表明镍渣的使用有利于水泥/混凝土流动性能的提高。

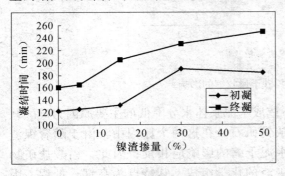

图 7-24　镍渣对水泥凝结时间的影响

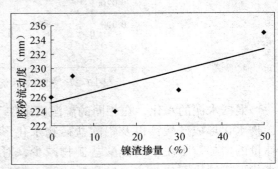

图 7-25　镍渣对水泥胶砂流动度的影响

4. 对水泥与减水剂相容性的影响

镍渣对水泥与减水剂相容性的影响见图 7-26。从图中结果看出，镍渣具有改善水泥与减水剂相容性的作用，无论是水泥浆体的流动性能，还是经时损失，且随着用量的增加，改善作用越显著。

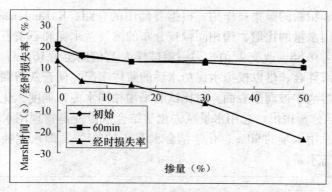

图 7-26　镍渣对水泥与减水剂相容性的影响

（二）对水泥体积安定性的影响

1. 对水泥沸煮安定性的影响

由于在镍渣矿相中没有发现方镁石，因此只进行了沸煮安定性试验。结果全部合格，表明镍渣对水泥的沸煮安定性没有影响。

2. 对水泥胶砂干燥收缩的影响

镍渣对水泥胶砂干燥收缩的影响见图 7-27。从图中结果看出，镍渣的使用降低了水泥胶砂的干燥收缩，利于硬化水泥浆体体积的安定性。但同时也可以看出，在镍渣掺量为 5%～30% 区间内，水泥的干缩并没有随镍渣的掺量增加而降低，而是基本保持在同一水平，特别是 30% 掺量的 28d 干缩率还有所增加，表明此时的某些水化反应减少了浆体中的水量。

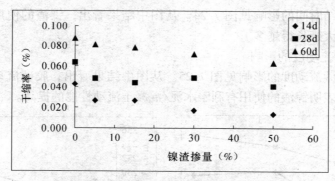

图 7-27　镍渣对水泥胶砂干燥收缩的影响

根据水泥的水化，在相同的温湿度条件下造成水泥浆体水分降低的主要原因为硅酸盐矿物水化形成硅酸钙以及铝酸盐矿物水化形成钙矾石。在这两个原因中，由于随着镍渣掺量的增加，水泥中的硅酸盐矿物减少，对水泥干缩的影响应相反；因此，铝酸盐矿物水化形成钙矾石成为主要的影响因素。根据镍渣的化学组成，其特点为高铁、低铝，因此其本身的铝不足以明显影响干缩结果。所以，导致此结果的原因为镍渣中以玻璃态存在的铁。

在水泥水化过程中，氧化铁基本起着与氧化铝相同的作用，也就是在水化产物中铁置换部分铝，形成水化硫铝酸钙和水化硫铁酸钙的固熔体，或者水化铝酸钙和水化铁酸钙的固熔体[21]。这种水化反应需要结合大量的水，增大水泥浆体的化学收缩和自收缩。而在镍渣掺

130

量少时，氧化铁的这种作用不能显著发挥，所以干缩呈现降低的趋势；而在大掺量时，由于镍渣的活性没有被充分激发，水化量少，也表现出降低干缩的作用。

（三）对水泥耐久性的影响

1. 对水泥抗冻融性能的影响

镍渣对水泥抗冻融性能的影响见图 7-28。从图中结果看出，总体上，镍渣的使用有利于水泥抗冻融性能的改善。

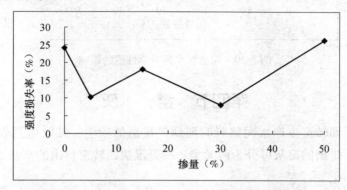

图 7-28   镍渣对水泥抗冻融性能的影响

2. 对水泥抗硫酸盐侵蚀的影响

镍渣对水泥抗硫酸盐侵蚀的影响见图 7-29。从图中结果看出，镍渣用量在小于 30% 时，降低了水泥抗硫酸盐侵蚀的能力，降低的幅度为 12.8%；但镍渣的用量达到 50% 时，又提高了水泥的抗硫酸盐侵蚀能力，提高幅度为 5.5%。造成此种结果的原因，同干缩一样，是铅锌渣中大量 Fe_2O_3 和 Al_2O_3 一样，参与和硫酸盐的反应形成大体积的 AFt 造成的；而用量 50% 时，由于大用量镍渣导致的浆体孔隙率提高为 AFt 的生成提供了空间，反而密实了水泥浆体结构。

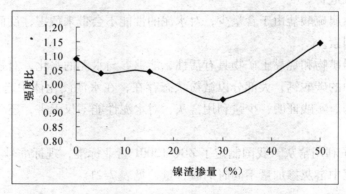

图 7-29   镍渣对水泥抗硫酸盐侵蚀的影响

（四）对水泥力学性能的影响

镍渣对水泥力学性能的影响见图 7-30。从图中结果看出，虽然镍渣具有一定的活性，但镍渣的使用对强度发展的负作用比较大。同时，除了 30% 点之外，镍渣对早、后期的强度发挥具有相同的作用效果，没有提高水泥后期的强度。

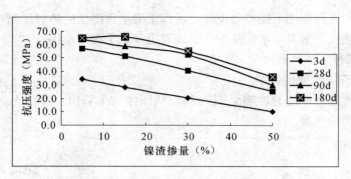

图 7-30　镍渣对水泥力学性能的影响

第四节　窑　灰

窑灰是水泥厂回转窑生产水泥熟料时随烟气排出的粉尘，经收尘器收集下来，就是窑灰。目前，水泥厂排出的窑灰可分为两大类：一是湿法回转窑排出的窑灰，二是新型干法窑排出的窑灰。

窑灰的化学成分界于生料和熟料之间，随所用原料、燃料、窑型、热工制度、排放点的不同而不同，但以 CaO 为主，含量 40% ～50%，其次为 SiO_2，含量在 10% ～20%，烧失量在 10% ～30%，其余为 Al_2O_3、SO_3、碱等[8]。

在矿物组成上，主要是碳酸钙，约占 25% ～55%；脱水黏土，20% ～40%，以及煤灰玻璃体、游离氧化钙、少量熟料矿物、碱金属硫酸盐等[8]。

窑灰中的 $f\text{-}CaO$ 含量比较高，在 1% ～20% 范围内。但窑灰中的 $f\text{-}CaO$ 不同于熟料中的 $f\text{-}CaO$，它是由 $CaCO_3$ 分解而得，属轻烧石灰，结构疏松多孔，极易消解、水化，故对水泥的安定性不会造成危害。

窑灰中的碱金属硫酸盐由于含量少，对水泥的性能不会带来危害，反而可作为一种提高水泥早期强度的因素。

窑灰中的熟料矿物和烧黏土矿物具有活性，能够参与水泥的水化，对强度起到一定的有利作用。而窑灰中的碳酸钙，大部分以微粉状态存在，在水泥硬化体中起到微粉填充效应，密实水泥浆体结构。实践证明，少量利用窑灰，对水泥性能不仅无害，还可以提高水泥的早期强度。

1984 年，为了利用窑灰，我国制定了 ZBQ 12001 行业标准，现标准号为 JC/T742。在该标准中规定了水泥中窑灰掺加量不同时的碱含量，见表 7-21。

表 7-21　按水泥中窑灰的不同掺加范围，窑灰中的允许碱含量

水泥中的窑灰掺加量（%）	窑灰中的碱含量（$Na_2O + 0.658K_2O$）（%）
≤5	≤8
>5 ～≤8	≤5

第五节 铬 渣

铬渣是由铬铁矿加纯碱、石灰石、白云石在 $1100 \sim 1200℃$ 高温焙烧，用水浸溶生产铬盐后所得的残渣，其中含有一定量的可溶性六价铬。

铬渣是一种固体废渣，在形态上为粒径不等的颗粒状坚硬烧结固体，外观与铁粉类似，颜色多呈灰色，露天堆放一段时间后变为灰白色。取部分铬渣测得其含水率为 11.70%，自然堆积密度为 $1.14g/cm^3$ [22]。

铬渣在化学成分上因原料和生产的工艺不同而有所不同，但通常均含有 Ca、Mg、Si、Al、Fe 等元素，此外还含有少量其他元素如 Cr、Hg、Pb、Ni 等。由于其中碱性氧化物较多，故铬渣一般呈碱性 [22]。铬渣的化学组成见表 7-22。

表 7-22 铬盐生产过程中排放铬渣的主要化学成分 [22] %

成分	Al_2O_3	MgO	SiO_2	CaO	Fe_2O_3	总铬
含量（%）	$5 \sim 10$	$27 \sim 31$	$4 \sim 30$	$30 \sim 40$	$2 \sim 11$	$1 \sim 5$

铬渣中存在的矿物组成见表 7-23，其中在水中易溶解的是四水铬酸钠和铬酸钙。由于铬渣是经焙烧后快速水淬所得残渣，故其中还存在一定量的玻璃相，约占 10% [22]。

表 7-23 铬渣的矿物组成 [22]

矿物名称	化学式	含量（%）
方镁石	MgO	20
硅酸二钙	β-$2CaO \cdot SiO_2$	25
铁铝酸钙	$4CaO \cdot Al_2O_3 \cdot Fe_2O_3$	25
亚铬酸钙	α-$Ca(CrO_2)_2$	$5 \sim 10$
铬尖晶石	$(Mg \cdot Fe)(CrO_2)_2$	$5 \sim 10$
铬酸钙	$CaCrO_4$	1
四水铬酸钠	$4Na_2CrO_4 \cdot 4H_2O$	$2 \sim 4$
铬铝酸钙	$4CaO \cdot Al_2O_3 \cdot Cr_2O_3 \cdot 12H_2O$	$1 \sim 3$
碱式铬酸铁	$Fe(OH)CrO_4$	0.5
碳酸钙	$CaCO_3$	$2 \sim 3$
水化铝酸钙	$3CaO \cdot Al_2O_3 \cdot 6H_2O$	1

铬渣中含有与水泥熟料类似的矿物，并主要以硅酸二钙和铁铝酸钙的形式存在，因此只要消除六价铬和方镁石的影响，就可以用于水泥的生产 [22]。

据统计，目前全国铬渣年排放量为 10 余万 t，历年累计堆存量约达 500 万 t，这些铬渣多为露天堆放，基本上未处理。堆积如山的铬渣不仅占用了大量土地，而且可溶性剧毒 Cr^{6+} 随雨水溶渗流失，严重污染周围的土壤、河流及地下水源，对环境和人体造成了极其严重的危害，铬渣的治理已经到了刻不容缓的地步 [23]。

六价铬化合物容易被吸收，且有强氧化性，一方面可以氧化生物大分子（DNA、RNA、蛋白质、酶）和其他生物分子（如使维生素 C 氧化），使生物分子受到损伤；另一方面在六价铬还原为三价铬的过程中，对细胞具有刺激性和腐蚀性，导致皮炎和溃疡发生。流行病学调查表明，六价铬还有致癌作用，是美国 EPA 确认的 129 种重点污染物之一。含铬粉尘会随风扬散，污染周围大气与农田；铬渣受雨水淋洗，含铬污水会溢流下渗，对地下水、河流和海域等造成不同程度的污染，危害各种生物，导致动物死亡、农业减产和人体的种种疾病发生，如血铬，尿铬及各种癌症等。所以铬渣若不经过有效方法解毒治理而长期堆放会严重污染环境，危害人体健康[23]。

目前世界各国对铬渣的治理和综合利用极为重视，并根据各自的特点研究开发了各种处理利用方法[22,23]，但不外乎干法焙烧还原和湿法还原 2 种。干法焙烧还原解毒是在高温还原性气氛下焙烧，将六价铬还原成三价铬并存在于玻璃体内达到解毒的目的。湿法解毒是将铬渣磨细后，酸溶性和水溶性的六价铬在还原剂的作用下被还原成三价铬。国外发达国家主要从改革铬盐生产工艺出发减少排渣量及渣中铬的残留量。就已堆存的铬渣而言，日本、俄罗斯等主要用高温还原法将铬渣解毒并做人造骨料、耐火材料等，该法有一定的经济效益，但投资成本高、能耗大，且生产过程中有二次粉尘污染。我国早在 20 世纪 60 年代就开始了铬渣综合治理的研究工作，探索出了许多富有自身特色的治理方法，这些方法或解毒不彻底，或设备复杂、投资大、运行费用高，难以大规模应用于工业生产。同一时期，中科院化冶所深入研究了铬盐的清洁生产工艺，减少了铬渣的排放，但不能解决已堆存的铬渣的严重污染问题。因此，进一步加强铬渣综合治理新技术的研究和开发，已成为我国环保工作的当务之急。

参考文献

[1] 曹瑛．工业废渣赤泥的特性及回收利用现状［J］．硅酸盐通报，2007，26（1）．

[2] 付凌雁．拜耳法赤泥活化制备碱激发胶凝材料的研究［D］．昆明理工大学，2007．

[3] 于键等．利用铝工业废渣（赤泥）生产水泥［J］．水泥工程，1999（6）．

[4] 梁华．赤泥利用的近期研究动态［J］．世界有色金属，1999（3）．

[5] 景英仁，景英勤，杨奇．赤泥的基本性质及其工程特性［J］．轻金属，2001（4）．

[6] 齐建召，杨家宽，王梅．赤泥做道路基层材料的试验研究［J］．公路交通科技，2005，22（6）．

[7] 吴建锋，王东斌，徐晓虹．利用工业废渣制备艺术型清水砖的研究［J］．武汉理工大学学报，2005，27（5）．

[8] 建筑材料科学研究院编．水泥物理检验（第三版）［M］．北京：中国建筑工业出版社，1985．

[9] 范立卫，王筱琳．金属镁渣在水泥生产中的应用研究［J］．四川水泥，2000（3）．

[10] 丁庆军等．镁渣作水泥混合材的研究［J］．水泥工程，1998（3）．

[11] 张大同，张秋英．闻喜银光镁业集团镁渣作水泥混合材的鉴定与试验研究报告（内部资料）．中国建筑材料科学研究院水泥与新型建材研究所，2000．

[12] 崔自治，杨维武，张冬平．镁渣火山灰活性试验研究［J］．宁夏工程技术，2007，6（2）．

[13] 使用金属镁渣生产水泥须规范［J］．中国建材，2000（9）：43．

[14] 何焕华，蔡乔方．中国镍钴冶金［M］，北京：冶金工业出版社，2000．

[15] 盛广宏，翟建平．镍工业冶金渣的资源化［J］．金属矿山，2005（10）．

[16] 曹战民，孙根生，Richter K 等．金川镍闪速熔炼渣的物相与铜镍分布［J］．北京科技大学学报，2001，23（4）．

[17] 彭华．诺兰达炉渣的综合利用研究（下）［J］．金属矿山，2004（3）．

[18] 谢尧生，刘艳军，王绍华．复合硅酸盐水泥．中国专利，00100108.6.2000201210．

[19] 费文斌，张述善，马秋新等．少熟料水泥的试验研究［J］．新世纪水泥导报，2000（3）．

[20] 乔龄山．水泥颗粒分布和石膏匹配与用水量及凝结特性的关系（一）［J］．水泥，2004（6）．

[21] 沈威，黄文熙，闵盘荣．水泥工艺学［M］．北京：中国建筑工业出版社，1986．

[22] 谷军，宋开伟，钱觉时．铬渣特性及解毒利用技术［J］．粉煤灰，2007（2）．

[23] 盛灿文，柴立元，王云燕，李雄．铬渣的湿法解毒研究现状及发展前景［J］．工业安全与环保，2006，32（2）．

第八章　低活性工业废渣

第一节　铜　　渣

铜渣是在金属铜冶炼过程中产生的工业废渣。在铜冶炼过程中，产生的熔融态炉渣经水淬急冷形成菱角状、玻璃体粒状冶金渣。炼铜炉渣水淬后是一种黑色、致密、坚硬、耐磨的玻璃相，外观呈粒状和条状，夹杂有少量的针、片状，表面有金属光泽，颗粒形状不规则、棱角分明。密度 $3.3 \sim 4.5 \text{kg/m}^3$，松散密度 $1.6 \sim 2.0 \text{kg/m}^3$[1]。

我国的粗铜生产主要以硫化铜精矿为原料，采用闪速炉、密闭鼓风炉、电炉或白银炼铜炉等冶金炉炼成冰铜，再经过转炉吹炼成粗铜，这种方法生产的铜占铜产量的 95% 以上[1]。随着铜冶金技术的不断发展，传统的炼铜技术包括鼓风炉熔炼，反射炉熔炼和电炉熔炼正在逐渐被闪速熔炼取代，与此同时，与上述二次熔炼的方法不同的所谓一步熔炼出粗铜的熔池熔炼方法，如诺兰达法、瓦纽科夫法、艾萨法也逐步受到人们的重视[2]。

在现有的工艺条件下，每生产 1t 粗铜，约排出 3t 铜渣。根据国家统计局的统计，2006年我国精铜的产量达到了 300 万 t。按此计算，我国每年约排出铜渣 1000 万 t。

虽然原材料和工艺对铜渣的化学组成有所影响，但铜渣的化学组成基本是以 FeO、SiO_2 为主。除此之外，通常还含有 Cu、Pb、Zn、Al、Ca、Mg、As、S 等元素，各种冶炼方法的铜渣化学组成见表 8-1。

表 8-1　各种冶炼方法的铜渣组成[3,4]　　　　　　　　　　　　　　　　　%

铜冶炼方法	SiO_2	FeO	Fe_3O_4	CaO	MgO	Al_2O_3	S	Cu
密闭鼓风炉	31 ~ 39	33 ~ 42	3 ~ 10	6 ~ 19	0.8 ~ 7.0	4 ~ 12	0.2 ~ 0.45	0.35 ~ 2.4
转炉	16 ~ 28	48 ~ 65	12 ~ 29	1 ~ 2	0 ~ 2	5 ~ 10	1.5 ~ 7.0	1.1 ~ 2.9
诺兰达法	22 ~ 25	42 ~ 52	19 ~ 29	0.5 ~ 1.0	1.0 ~ 1.5	0.5	5.2 ~ 7.9	3.4
瓦纽科夫法	22 ~ 25	48 ~ 52	8	1.1 ~ 2.4	1.2 ~ 1.6	1.2 ~ 4.5	0.55 ~ 0.65	2.53
三菱法	30 ~ 35	51 ~ 58	—	5 ~ 8	—	2 ~ 6	0.55 ~ 0.65	2.14
艾萨法	31 ~ 34	40 ~ 45	7.5	2.3	2	0.2	2.8	1
Inco 闪速熔炼	33	48 ~ 52	10.8	1.73	1.61	4.72	1.1	0.9
闪速熔炼	28 ~ 38	38 ~ 54	12 ~ 15	5 ~ 15	1 ~ 3	2 ~ 12	0.46 ~ 0.79	0.17 ~ 0.33
特尼恩特转炉	26.5	48 ~ 55	20	9.3	7	0.8	0.8	4.6

铜渣中微量的有毒元素、毒性有机物、放射性物质经鉴定不具有浸出毒性、腐蚀性、放射性，为一般工业固体废物，可以开发利用[1]。炼铜炉渣主要成分是铁硅酸盐和磁性氧化铁，铁橄榄石（$2FeO \cdot SiO_2$）、磁铁矿（Fe_3O_4）及一些脉石组成的无定形玻璃体，见

表8-2、表8-3 和表8-4。熔炼渣中的铜主要以冰铜或单纯的辉铜矿（Cu_2S）状态存在，几乎不含金属铜，多见铜的硫化物呈细小珠滴形态不连续分布在铁橄榄石和玻璃相间。而吹炼渣中存在少量金属铜，在含铜高的炉渣中，Cu_2S 含量也随之增大[2]。

表8-2　铜渣的矿物组成[1] 　　　　　　　　　%

镁铁橄榄石	铁橄榄石	磁铁矿	陨硫铁	冰铜珠	金属铜	石英及其他
65～80	5～20	8～16	0.5～1	0.2～0.8	痕	1.5～3

表8-3　诺兰达炉渣主要矿物及含量[3]

矿物	冰铜	磁铁矿	金属铜	闪锌矿	赤铁矿	金属铁	铁橄榄石	无定型硅酸盐	长石
含量（%）	5.2	26.8	0.9	0.8	2.5	0.5	47.3	11.7	2.5

表8-4　闪速炉渣主要矿物及含量[4]

矿物	冰铜	磁铁矿	金属铜	闪锌矿	赤铁矿	金属铁	铁橄榄石	无定型硅酸盐	长石
含量（%）	1.6	5.5	0.16	0.5	0.5	0.5	78.8	6.9	4.5

李锋对水淬铜渣的火山灰活性进行了研究[5]，表明水淬铜渣具有一定的火山灰活性。但从其实验结果来看，铜渣的 28d 抗压强度比比较低，在 61%～65%，仅比石英砂稍高。

由于铜渣作为水泥混合材料的活性偏低，以及炼铜炉渣水淬后是一种黑色、致密、坚硬、耐磨的玻璃相导致的易磨性差，所以虽然有文献 [6] 对铜渣作为水泥混合材料进行研究，但在实践中很少使用。

在实践中是利用铜渣的高铁特性，用于水泥配料[7,8]。利用铜渣配料生产水泥，主要基于如下几个优势：①铜渣经水淬成粒后，内部晶体晶核存在较大的缺陷，活化能较低，是一种很好的矿化剂，其中含有较高的 FeO、SiO_2 和其他微量元素。由于 FeO 熔点较 Fe_2O_3 低，FeO 的引入不仅使系统的低共熔温度降低，熟料液相提前出现，且可降低液相黏度，致使液相中质点的扩散速度增强，促进 C_3S 矿的形成。其矿物组成在入窑煅烧生料时可起到晶核作用，降低了核化势垒，诱导结晶，提高窑的产量，而铁粉则无此作用。②铜渣中 SiO_2 活性高，易于与 CaO 反应，且反应完全，致使熟料中游离 CaO 的含量降低，水泥的安定性提高[8]。

经过十几家水泥厂的生产实践表明，采用炼铜炉渣代替铁粉在技术上是可行的。炼铜炉渣代替铁粉的掺入量为 4.5%～8%。铜渣作矿化剂生产水泥有如下好处：由于炉渣呈颗粒状和针状松散，这对提高磨机的产量有利；铜渣的加入能使反应带液相提前，降低煅烧温度 50～100℃，因而能减少燃料消耗；铜渣的加入降低了游离氧化钙的含量，但不影响水泥熟料的质量，而且可提高水泥熟料标号 40～50 号；铜渣代替铁粉降低了原料成本，增加了经济效益[1]。

文献 [2] 介绍了铜渣在建材行业中的利用情况，见表8-5。

表 8-5　铜渣用于水泥工业及建筑行业[2]

用　途	性　能
代替砂配制混凝土和砂浆	铜渣混凝土力学性能之间的关系和普通混凝土力学性能之间的关系基本一致，铜渣碎石混凝土比铜渣卵石混凝土力学性能为优，力学性能也随铜渣混凝土标号增加而成比例提高
修筑铁路、公路路基	利用炼铜炉渣作铁路、公路路基，必须掺配一定的胶结材料，如石灰、石灰渣或电石渣等，不能单独使用
在水泥生产中的应用	以炼铜渣为主要原料，掺入少量激发剂（石膏和水泥熟料）和其他材料细磨而成。具有后期强度高、水化热低、收缩率小、抗冻性能好等特点
生产铜渣磨料作防腐除锈剂	铜渣磨料为最佳除锈材料，可代替黄砂石，降低成本。应用于船舶、桥梁、石油化工、水电等部门，这种磨料在国内外市场上有广阔的应用前景
其他利用途径	生产矿渣棉，采矿业中作充填料，应用于砖、小型砌块、空心砌块和隔热板制作

值得一提的是，利用铜渣代替砂石用于混凝土的生产具有一定的优势，在此方面的实践和研究比较多[9、10]。这是由于：①铜渣的致密、坚硬结构和耐磨的特性；②虽然铜渣的火山灰活性比较低，但高于天然砂石，因此能改善骨料和浆体之间的过渡带，提高水泥的性能，特别是抗折强度，见文献［5］。

第二节　钛　矿　渣

钛矿渣是采用钒钛磁铁矿石在高炉炼铁时排出的废渣。

我国西南地区蕴藏有丰富的钒钛磁铁矿石，攀枝花钢铁厂是我国产生钛矿渣的主要钢铁厂之一。

由于钛矿渣中大量 TiO_2 的存在，与钙结合形成钙钛矿，大大降低了渣的活性，其性质已与一般的矿渣不同。

钛矿渣的主要矿物组成为钙钛矿、巴依石、安诺石、钛辉矿等。由于渣中的钙大量和钛结合形成钙钛矿等，且结晶能力强，即使在水淬急冷的情况下，形成的玻璃质也很少，基本上没有活性。以前在水泥工业中只能将其作为非活性材料利用。

但在 2008 年对 JC418《用于水泥中的粒化钛矿渣》标准进行修订时，经试验，所取样品的 28d 抗压强度比达到了 65% 以上，活性与一般的火山灰质材料相似，因此也具有微弱的活性。

新修订的用于水泥中的钛矿渣必须符合如下主要条件：

（1）质量系数：$K = (CaO + MgO + Al_2O_3)/(SiO_2 + MnO + TiO_2)$：不小于 1.2；

（2）二氧化钛（TiO_2）含量：不得超过 25.0%；

（3）氧化亚锰（MnO）含量：不得超过 2.0%；

（4）氟化物（以 F 计）含量：不得超过 2.0%；

（5）硫物（以 S 计）含量：不得超过 3.0%；

（6）水泥胶砂 28d 抗压强度比：不低于 65%。

参考文献

[1] 李运刚. 炼铜炉渣的综合利用 [J]. 环境保护, 2000, 6.

[2] 张林楠, 张力, 王明玉, 隋智通. 铜渣的处理与资源化 [J]. 矿产综合利用, 2005, 5.

[3] 冶金工业部长沙矿冶研究院. 大冶有色金属公司诺兰达炉渣物质成分研究 [R], 1998.

[4] 任鸿九. 有色冶金熔池熔炼 [M]. 北京: 冶金工业出版社, 2001.

[5] 李锋. 水淬铜渣的火山灰活性 [J]. 福州大学学报（自然科学版）, 1994, 27 (4).

[6] 戴映清, 严生, 沈晓东. 铜渣道路水泥的研究 [J]. 江苏建材, 1998, 2.

[7] 刘铁军, 许援朝, 王平, 王玉. 用钼渣铜渣配料用炉渣和磷渣作混合材制作水泥 [J]. 中国建材, 2007, 5.

[8] 谭月华, 周岐雄, 魏瑞斌. 工业铜渣作水泥辅料的初步探索 [J]. 新疆工学院学报, 2000, 21 (3).

[9] 唐明, 王博, 陈勇. 铜渣集料超高强、高耐磨水泥砂浆研究 [J]. 混凝土, 2004, 4.

[10] 宗力. 水淬铜渣代砂混凝土 [J]. 青岛建筑工程学院学报, 2003, 24 (2).

第九章 特殊工业废渣——电解锰渣

第一节 概 述

电解锰渣属于一种特殊的工业废渣，它即不属于混合材料，也不属于工业副产石膏，但两者又有所兼顾。由于电解锰渣的排量巨大，而且颗粒细小，经过处理后即可以作为低品位副产石膏，也可以作为非活性混合材料用于水泥的生产。

电解锰废渣是碳酸锰矿粉中加入硫酸溶液电解生产金属锰和二氧化锰过程中排放的工业滤渣。

生产二氧化锰的过程是在反应器内加入硫酸溶液和碳酸锰矿粉反应生成硫酸锰，待 pH 值接近 4 左右时，加入少量硫化铁矿粉作为还原剂，将溶液中的 Fe^{2+} 氧化成 Fe^{3+} 并水解成 $Fe(OH)_3$ 沉淀；再用石灰乳中和反应过量的酸；当 pH 值接近 7 时，加入 FeS 饱和溶液，使溶液重金属离子生成相应的硫化物沉淀；然后用压滤机进行过滤，滤液进入电解池内电解，排出的滤饼即所谓电解锰渣。其生产过程电解锰废渣的排放量相当大，据企业统计和报道，每生产 1t 二氧化锰粉所排放的酸浸废渣量约为 6t。按年生产 15 万 t 二氧化锰计算，在此过程中，我国每年排出电解锰渣约 90 万 t。

生产金属锰的过程与生产二氧化锰的过程相近，只不过生产工艺过程中需加入重铬酸钾，因此废渣中含大量铬。每生产 1t 金属锰，约排放 7t 锰渣，0.05t 铬渣。按年生产金属锰 80 万 t 计算，在此过程中，我国每年排出电解锰渣约 560 万 t，铬渣 4 万 t。

电解锰渣原渣为颗粒细小的泥糊状粉体物质，含水率高，密度 $2.0g/cm^3$ 左右，松散容重在 $1000kg/m^3$ 左右。

电解锰渣的化学组成见表 9-1。从表中看出，电解锰渣的化学组成以 SiO_2、Al_2O_3 和 SO_3 为主，同时因工艺原因存在一定量的 MnO。另外，锦州电解锰渣中含有 NH^{4+}，它的存在在碱性介质中会释放刺激性气体，影响人的身体健康。我国国家标准 GB 18588《混凝土外加剂中释放氨限量》规定氨的释放量 ≤0.10%（质量分数）。

表 9-1 电解锰渣的化学组成 %

样品	烧失量	SiO_2	Al_2O_3	Fe_2O_3	CaO	MgO	MnO	SO_3	NH^{4+}
1	15.85	21.63	8.93	5.05	17.64	2.03	6.32	20.06	—
2	10.11	22.08	9.83	5.12	17.91	2.22	6.39	23.06	—
3	—	28.50	15.58	0.59	7.90	—	10.4	14.9	0.73

注：样品 1、2 的数据来自文献 [1]，样品 3 为锦州样品。

监测结果显示：电解锰渣成分复杂，不仅含有机质和氮、磷、钾等元素，还含有锌、铅、铜、砷等危险废物，见表 9-2[2]，任其排放将严重污染环境。故此，电解锰生产企业须征用大量专用场地存放，既增加了企业土地征用和场地处置等费用，使生产成本增加，又大量消耗土地资源。废渣的长期存放，一些有害元素通过土层渗透，也将影响地下水资源，污染环境，不利于可持续发展。

表9-2 锰渣成分分析结果[2] %

项目	含量	项目	含量
有机质	5~7	O	25
N	0.95~1.4	Zn	0.0075~0.0112
P	0.95~1.4	Pb	0.0114~0.0166
K	0.57~0.63	Mt	0.0011~0.0012
Ca	12	Cu	0.0050~0.0054
Mg	3	As	0.001~0.002
S	8~11	Se	0.0031~0.0033
Si	13	Ge	2.2×10^{-5}
Mn	3	Co	0.0042~0.0064
Fe	2.3		

编者对锦州电解锰渣进行了验证性分析测试，结果见表9-3。但从检测结果来看，锦州电解锰渣中含有重金属，但是含量很少。

表9-3 锦州电解锰渣中的重金属及其含量

项目	镉	铅	铜	锌	镍	水溶性六价铬
含量（mg/kg）	未检出	未检出	0.07	0.10	0.14	0.04

在矿物组成上，电解锰渣基本以黏土质材料为主。编者对锦州电解锰渣的 X-射线分析见图9-1。其矿物组成主要为石英、半水石膏、莫来石和铁铝酸钙。

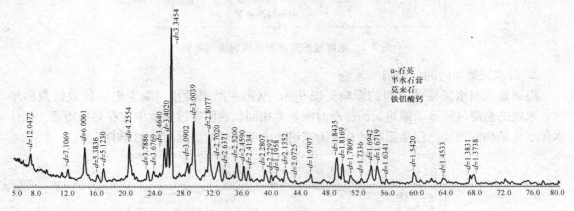

图9-1 锦州电解锰渣 X-射线图谱

电解锰渣实际是一种富含硫酸钙的工业废渣，可作为工业副产石膏开发。刘惠章等[1]在对电解锰渣进行105℃低温烘干和300℃高温煅烧处理，然后替代石膏配制水泥试验并按国家标准检测方法进行相关水泥性能试验。结果表明，电解锰渣的缓凝作用虽差于天然石膏，但可完全替代天然石膏生产水泥；且高温煅烧处理的电解锰渣的缓凝和增强作用，均好于低温烘干料。李坦平等[3]用生石灰对含水锰渣进行消解处理后，制成的激发料对低等级粉煤灰具有较好的硫酸盐和石灰激发作用。

编者对锦州电解锰渣的放射性测试结果见表9-4。测试结果符合 GB 6566《建筑材料放射性核素限量》对主体建筑材料的要求。

表 9-4　锦州电解锰渣的放射性测试结果

废渣名称	测试项目及结果				
	镭（Bq/kg）	钍（Bq/kg）	钾（Bq/kg）	内照射	外照射
锦州电解锰渣	17.6	20.7	161	0.1	0.2

第二节　电解锰渣对水泥性能的影响

一、对水泥使用性能的影响

1. 对水泥标准稠度的影响

电解锰渣对水泥标准稠度的影响见图9-2。从图中结果看出，掺加电解锰渣后，水泥的标准稠度用水量有所增加，但增加的幅度很小，绝对增加为 0.4%，且基本不随掺量的增加而有所变化。

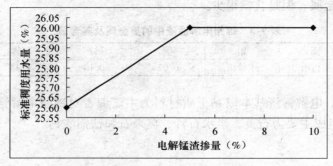

图 9-2　电解锰渣对水泥标准稠度的影响

2. 对水泥凝结时间的影响

电解锰渣对水泥凝结时间的影响见图9-3。从图中结果看出，随着电解锰渣掺量的增加，水泥的初凝时间逐渐缩短，而终凝时间基本相同，表明在该废渣中存在某些物质，促使水泥水化结构的形成。但从影响的幅度上来讲，电解锰渣对凝结时间的影响不大。

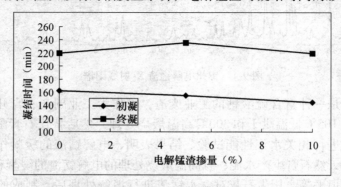

图 9-3　电解锰渣对水泥凝结时间的影响

3. 对水泥胶砂流动度的影响

电解锰渣对胶砂流动度的影响见图 9-4。从图中结果看出，随着电解锰渣掺量的增加，水泥的胶砂流动度逐渐降低。掺加 5% 时的降低幅度为 3%，掺加 10% 时的降低幅度为 12.2%。

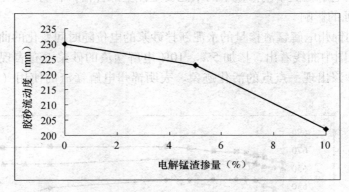

图 9-4　电解锰渣对胶砂流动度的影响

4. 对水泥与减水剂相容性的影响

锦州电解锰渣对水泥与减水剂相容性的影响见表 9-5 和图 9-5。从结果看出，电解锰渣的加入降低了水泥浆体的流动性能和增加了浆体流动性的经时损失。对于锦州电解锰渣而言，造成此现象的原因，可能是其中含有的 NH^{4+}。NH^{4+} 具有较强的键和作用，能够和水泥水化的铝酸根、硅酸根键和，提高水泥浆体的黏性。凝结时间和胶砂流动度的变化可能也与此有关。

表 9-5　锦州电解锰渣对水泥与减水剂相容性的影响

编号	掺量（%）	初始 Marsh 时间（s）	60min Marsh 时间（s）	经时损失率（%）
DJM-J0	0	16.2	17.5	8.02
DJM-J5	5	23.6	37	56.78
DJM-J10	10	29.1	50.4	73.20

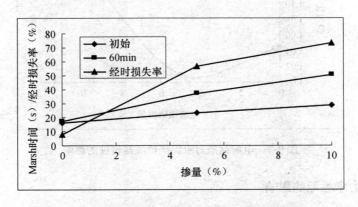

图 9-5　锦州电解锰渣对水泥与减水剂相容性的影响

二、对水泥耐久性能的影响

1. 对水泥沸煮安定性的影响

经试验，锦州电解锰渣不同掺量下的水泥安定性全部合格，表明对安定性没有影响。

2. 对钢筋锈蚀的影响

图9-6为不同锦州电解锰渣掺量的水泥新拌砂浆的电位随时间变化的曲线图，测试时间延续到60min。从图中曲线看出，掺加5%、10%电解锰渣的砂浆没有表现出钢筋活化的迹象，反而是空白砂浆出现一点点的活化迹象。表明锦州电解锰渣的使用（10%以下）不会造成钢筋锈蚀。

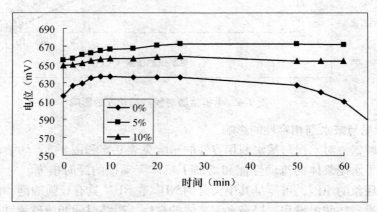

图9-6　不同锦州电解锰渣掺量的水泥新拌砂浆的电位随时间变化的曲线图

3. 对抗硫酸盐侵蚀能力的影响

图9-7为电解锰渣对水泥抗硫酸盐侵蚀的影响。由于试验样品配比比较少，无法进行全面评价。但从图中结果看出，电解锰渣掺量达到10%时，大幅度改善水泥的抗硫酸盐侵蚀能力。

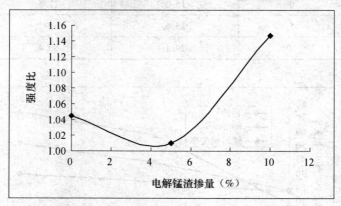

图9-7　电解锰渣对水泥抗硫酸盐侵蚀的影响

三、对水泥力学性能的影响

电解锰渣对水泥力学性能的影响见图9-8。从图中结果看出，锦州电解锰渣的使用显然不会造成水泥后期强度的倒缩，但却降低了水泥的强度。

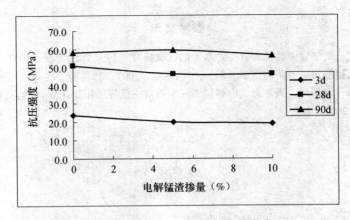

图 9-8　电解锰渣对力学性能的影响

参考文献

[1] 刘惠章，江集龙．电解锰渣替代石膏生产水泥的试验研究［J］．水泥工程，2007，2．

[2] 沈华．湘西地区锰渣污染及防治措施［J］．中国锰业，2007，25（2）．

[3] 李坦平，何晓梅，谢华林，周学忠．电解锰渣—生石灰—低等级粉煤灰复合掺合料的试验研究［J］．新型建筑材料，2007，1．

第十章　混合材料的应用技术

第一节　混合材料粉磨技术的发展

随着混合材料应用实践和研究的发展，为了充分发挥混合材料的作用和特性，近二十年来在混合材料的粉磨技术上取得了长足的进步。

一、混合粉磨

（一）工艺流程

自有水泥生产开始，直到 20 世纪 90 年代，混合粉磨就是水泥生产的主导工艺。到目前为止，混合粉磨工艺在我国的水泥生产中也占有相当的比重。

混合粉磨工艺就是将熟料、石膏、一种或多种混合材料，经按配比计量后，共同入磨一起粉磨，其工艺流程如图 10-1 所示。

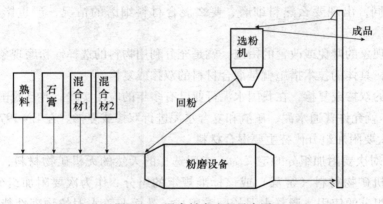

图 10-1　混合粉磨流程示意图

（二）混合粉磨工艺的优缺点

由于采用一条生产线就能进行水泥的生产，因此混合粉磨工艺的优点是工艺简单，一次性投资少。但由于混合材料的易磨性与硅酸盐水泥熟料存在差异，混合粉磨过程中各组分之间存在着相互作用，一种组分可能对另一种组分的粉磨起促进或阻碍作用，这种作用随混合比率及粒径而变化，从而不可避免地在粉磨过程中发生选择性磨细现象[1]，从而影响不同组分在水泥中的分布、水泥颗粒分布和水泥性能。

研究结果表明，当石灰石和熟料混合粉磨时，在粉磨过程中发生选择性粉磨，熟料对石灰石有一定促磨作用，而石灰石对熟料粉磨却有一定阻碍作用，这种相互作用有助于整体的粉磨过程[2]。具体表现为在粉磨相同时间时水泥的比表面积提高，同时其筛余也增加。此时，石灰石主要集中在细颗粒部分，而熟料则主要集中在粗颗粒部分。这样，对水泥强度起主要作用的熟料粒度较粗，而石灰石水化活性有限，从而使水泥后期强度受到一定影响。这

147

也就是当石灰石作水泥混合材，在强度贡献方面有一最佳掺量的原因。

当熟料与煤渣、粉煤灰等火山灰质混合材共同粉磨时，较软的火山灰质材料在熟料的促磨作用下，其粒度较熟料要细得多，这时火山灰质混合材料通过粉磨提高了活性，这种材料活性与易磨性之间的巧合，通过共同粉磨而使水泥性能获得了预定的效果[3]。但同时与石灰石混合粉磨一样，熟料粒度较粗，也影响了熟料活性的发挥。

当熟料与矿渣混合粉磨时同样会互相影响，也发生选择性粉磨。较硬的矿渣颗粒对熟料，尤其是立窑熟料，产生促磨作用，这使细颗粒中含有较多的熟料，而粗颗粒中会有较大比例的矿渣，这有助于提高水泥的早期强度[3]。德国的一项研究[4]表明，共同粉磨的矿渣水泥中，熟料的特征粒径小于水泥，矿渣的特征粒径大于水泥，石膏的特征粒径远小于水泥；分别粉磨的矿渣水泥，在物料组成和比表面积相同的情况下，与共同粉磨的矿渣水泥相比，矿渣的特征粒径平均降低 $7.5\mu m$，熟料的特征粒径平均降低 $2.0\mu m$。研究表明[5]，当熟料与矿渣共同粉磨，水泥比表面积为 $350m^2/kg$ 时，矿渣比表面积只有 $232\sim282m^2/kg$。但由于熟料粒度偏细时，特别是小于 $3\mu m$ 时，熟料的水化迅速，水泥需水量增加、流动度损失增大，甚至由于结构的快速形成而影响硬化浆体结构的进一步恶化。

（三）改善混合粉磨水泥颗粒分布的措施——混合材料的双掺或复掺

由于物料的选择性粉磨现象的存在，在混合粉磨双组分水泥时，会由于混合材料的易磨性与熟料的不同，出现要么熟料细磨、要么混合材料细磨的情况，严重影响水泥性能的发挥。

对于此种现象的避免或改善的措施，就是充分利用物料的选择性粉磨现象，变有害为有利。简单地说，具体的技术措施就是混合材料的双掺或复掺。

混合材料的双掺或复掺，在我国水泥行业已有多年的应用实践。并且我国通用硅酸盐水泥标准 GB 175 就允许普通水泥、矿渣和复合水泥进行双掺或复掺。在 EN 197-1 中，允许使用小于 5% 的次要附加组分代替主要混合材料。

EN 197-1 对次要附加组分的定义为：专门选择的天然的无机矿物材料，从熟料生产过程中获得的无机矿物材料（窑灰）或该标准规定的组分。作为次要附加组分的作用就是：通过次要附加组分的使用，调整水泥的颗粒组成，从而改善水泥的物理性能（如工作性或保水性等）。

作为混合材料双掺或复掺的效果，人们一致的认识是比混合材料单掺生产的水泥使用性能好。对于产生此效果的原因，现在的研究表明，主要是通过混合材料的双掺或复掺，利用物料的选择性粉磨，改变了不同物料在水泥颗粒中的分布，同时改善了水泥的颗粒分布。

但在混合材料的双掺或复掺时，要综合考虑各物料的作用和其用量。如石灰石能够阻碍熟料的粉磨，防止熟料粉磨太细，但石灰石用量过多时，由于石灰石的黏附，不是阻碍熟料的粉磨而是限制了熟料的粉磨，使熟料不能细化，以粗颗粒的形式存在。再如，粉煤灰能够促进熟料的粉磨，但粉煤灰用量过多时，由于粉煤灰具有良好的流动性，提高了物料在磨机内的流速，反而无法对物料进行有效粉磨。

编者对不同物料配料对水泥颗粒参数和水泥性能的影响进行了研究。水泥组分配比见表10-1，对水泥颗粒参数和水泥性能的影响见表 10-2 和表 10-3。

表 10-1 不同水泥组分的配料方案

编号	熟料（%）	矿渣（%）	粉煤灰（%）	石灰石（%）	石膏（外加）(%)
WY1	60	40	—	—	6
WY2	60	32	8	—	6
WY3	60	32	—	8	6
WY4	60	32	4	4	6
WY5	60	26	10	4	6

表 10-2 不同物料对水泥颗粒群参数的影响

编号	筛余（%）		比表面积（m²/kg）	特征参数		颗粒分布（累计筛余)(%)					
	80μm	45μm		X'	n	3μm	8μm	16μm	32μm	46.1μm	80μm
WY1	1.8	8.4	349	25.21	1.23	86.94	80.10	60.98	30.89	16.64	1.57
WY2	1.4	6.5	369	22.65	1.20	85.35	77.43	56.53	26.22	13.10	1.20
WY3	2.1	9.4	369	22.45	1.07	81.91	74.46	55.78	26.73	12.64	0.70
WY4	1.8	7.6	397	21.87	1.09	83.23	74.22	55.05	25.31	11.74	0.50
WY5	1.6	6.7	408	21.45	1.20	84.54	76.25	55.36	23.72	10.83	0.27

表 10-3 不同物料粉磨制备的水泥样品物理性能

编号	标准稠度用水量（%）	与减水剂相容性			抗压强度（MPa）		
		Marsh 时间（s）		经时损失（%）	3d	7d	28d
		初始	60min				
WY1	27.0	17.6	16.9	-3.98	16.08	27.76	51.71
WY2	27.0	18.9	19.0	0.53	16.75	27.38	49.95
WY3	27.3	18.4	19.0	3.80	16.75	27.23	46.41
WY4	27.2	19.3	19.8	2.59	16.71	27.52	49.54
WY5	27.6	18.8	19.8	5.32	15.04	25.39	46.86

从表 10-2 的结果看出，在相同的粉磨条件下，不同的物料对水泥颗粒群的分布有着不同的影响：

1. 从 80μm、45μm 筛余看出，采用不同的物料进行配料，水泥的 80μm、45μm 筛余相差不多，但也存在微小的差别。

如 WY3 的筛余最大，80μm 和 45μm 分别为 2.1% 和 9.4%；WY1 的筛余次之，80μm 和 45μm 分别为 1.8% 和 8.4%；WY2 的筛余最小，80μm 和 45μm 分别为 1.4% 和 6.5%。同时，也可看出，即使降低矿渣的用量，水泥中的粗颗粒也不会出现大幅度的降低（见 80μm 和 45μm 筛余）。

2. 从比表面积结果看出，采用粉煤灰、石灰石替代矿渣后，能大幅度提高水泥的比表面积，也就是提高水泥中的细颗粒含量。

同时也可以看出，在粉煤灰和石灰石单独等量代替矿渣时（WY2 和 WY3），两者对比表面积的作用相同，表明此时两者均为相对软的物料，在矿渣和熟料较硬物料的作用下实现了细化，虽然两者的性质不同。

但当将两者等量复掺时，选择性粉磨的效果更加突出，水泥的比表面积陡增 $30m^2/kg$，增加幅度远远大于两者单独替代矿渣的增加幅度。

而将粉煤灰含量提高后（WY5），虽然水泥的比表面积增加，但增加的幅度不多，其原因为粉煤灰的大量使用，降低了水泥的微粉含量导致。

3. 从水泥颗粒分布的特征参数来看，不同物料对于特征参数的影响比较大。

仅使用矿渣的水泥颗粒最粗，特征粒径为 $25.21\mu m$；同时，仅使用矿渣的水泥颗粒分布最窄，均匀性系数为 1.23。

用粉煤灰、石灰石部分代替矿渣，能够显著降低水泥的特征粒径，从 $25.21\mu m$ 降到 $22\mu m$ 左右，但不同的替代材料对均匀性系数（颗粒分布宽窄）的影响明显不同。

虽然粉煤灰和石灰石都能拓宽水泥的颗粒分布，但石灰石的作用效果明显好于粉煤灰。使用石灰石的 WY3、WY4 的均匀性系数分别为 1.07、1.09，而大量使用粉煤灰的 WY2、WY5 的均匀性系数都为 1.20。即使 WY5 的粉煤灰、石灰石用量达到了 14%，它的颗粒分布也没有变宽。这表明，粉煤灰粉磨到一定程度，由于玻璃微珠的致密结构，很难进一步细化，以达到拓宽水泥颗粒分布的效果。

4. 从颗粒组成来看，不同物料对水泥的颗粒组成产生不同的影响。

首先，从表 10-2 的结果看出，使用粉煤灰和石灰石代替矿渣后，能够显著降低水泥的粉磨细度，$8 \sim 46.1\mu m$ 各粒级筛余比纯矿渣配料的水泥降低 3% ～5%，$3\mu m$ 筛余因物料不同降低的幅度不同。再者，从表 10-2 的结果也可以看出，石灰石和粉煤灰的作用有所不同。石灰石能够显著增加水泥中的微粉含量，粉煤灰虽然也能增加微粉的含量，但显著的作用是降低水泥的平均粒径。从中看出，只有粒径小于 $8\mu m$ 时，使用粉煤灰和使用石灰石的区别才开始显著显现。使用大量粉煤灰样品（WY2、WY5）的 $3\mu m$、$8\mu m$ 筛余基本一致，而使用石灰石的样品的筛余明显降低，特别是单独使用 8% 石灰石的 WY3，$3\mu m$ 筛余最低，为 81.91%。这是因为当粉煤灰粉磨到一定细度时，由于玻璃微珠的致密结构，阻碍了粉煤灰的进一步细化。

其次，对于增加水泥中的微粉含量和拓宽水泥颗粒分布来讲，石灰石和粉煤灰联合使用的效果好于两者单独使用（见 WY2 和 WY3）。

从表 10-3 中的使用性能来看，即使 WY2 ～WY5 的比表面积比 WY1 提高了 $20 \sim 60m^2/kg$，但水泥的标准稠度用水量仅提高了 0.2% ～0.6%，基本没有变化。同时也可以看出，初始 Marsh 时间基本没有变化，仅延长 1s 多；但 60min Marsh 时间却延长了约 3s，导致水泥浆体的经时损失由 WY1 的负损失变为正损失。

从表 10-3 中的力学性能来看，WY2、WY3 和 WY4 样品中虽然使用了 8% 的早期活性低的粉煤灰，甚至非活性石灰石，但它们的 3d、7d 强度与 WY1 相当。而 WY5 由于使用了 14% 的低活性的粉煤灰和非活性石灰石，所以强度不能尽快发挥，但仅比 WY1 低 1 ～2MPa。只有在 28d 龄期时，由于水泥中组分的活性不同，水泥的强度才表现出比较大的差异。

对于水泥性能的变化，除了组分原因起微小作用外（粉煤灰、石灰石的量很少），主要的原因是由于水泥颗粒组成的变化导致。

由于水泥颗粒分布的变宽，使水泥颗粒向紧密堆积方向发展。而水泥颗粒的紧密堆积程

150

度，或水泥的颗粒分布宽窄，显著影响水泥的物理性能，比较突出的就是水泥需水量的变化。而表10-3的结果表明，虽然水泥比表面积的提高增加了包覆水泥颗粒水膜的物理用水量，但总体来讲由于粉煤灰、石灰石的替代拓宽了水泥的颗粒分布，增加了颗粒堆积密度，又减少了颗粒空隙填充用水量，使水泥的标准稠度用水量保持基本不变。

在流变力学性能上，初始Marsh时间的延长，表明石灰石、粉煤灰替代矿渣后水泥浆体的黏聚性提高，但由于颗粒堆积程度提高而导致的颗粒间隙用水量的降低，初始Marsh时间没有出现大幅度的延长，即水泥浆体的黏度没有大幅度提高。而60min Marsh时间的延长和经时损失的逆向转变，表明由于颗粒的堆积密度提高、水泥颗粒间的距离缩短以及水泥特征粒径的降低，为水泥的水化、水化产物的搭接、结构的形成创造了条件，进一步提高了水泥浆体的黏聚性。

二、分别粉磨

（一）分别粉磨的产生

由于物料的选择性粉磨，在不同物料混合粉磨时，特别是大量使用矿渣作混合材料的水泥混合粉磨时，矿渣的活性不能通过机械作用进行有效的活化，影响了其潜能的发挥。鉴于此，发达国家水泥厂已经迅速改变混合粉磨工艺，在日本矿渣水泥几乎全部采用分别粉磨。

分别粉磨工艺的出现在我国早就有之。辽宁本溪工源水泥厂在20世纪80年代就利用一条线专门粉磨矿渣，80μm筛余控制在3%~5%，比表面积约270m²/kg，然后通过螺旋绞刀和其他磨机的出磨水泥混合。

在我国，分别粉磨工艺的兴起则主要是在20世纪90年代。但是，在分别粉磨兴起时，其服务对象并非水泥行业，而是建工行业。分别粉磨用于水泥的生产，则主要开始于20世纪90年代末，且主要用于矿渣粉的分别粉磨。

20世纪90年代，我国京、沪等城市的一些工程开始使用高炉矿渣粉配置混凝土，取代水泥用量30%~50%，经证明使用效果良好。用矿渣粉作为混凝土掺合料不仅可以等量取代水泥，而且可使混凝土的多项性能得到极大改善。如今，矿物掺合料已成为高性能混凝土不可或缺的材料之一。

为了推动矿渣粉的应用与发展，规范产品的质量，我国于2000年颁布了第一版的GB/T 18046—2000《用于水泥和混凝土中的粒化高炉矿渣粉》国家标准。2008年颁布实施的GB 175《通用硅酸盐水泥》标准才引用该标准，从法律上明确矿渣粉用于水泥的生产。

由于高性能混凝土的研究和使用，特别是混凝土减水剂的使用，推动了矿渣微粉的生产，也推动了分别粉磨技术的发展。

（二）典型分别粉磨工艺流程

在水泥行业，典型的分别粉磨工艺如图10-2所示。

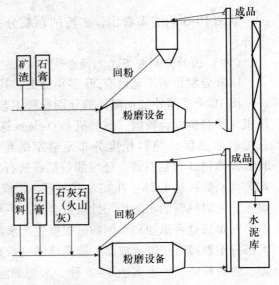

图10-2　典型分别粉磨工艺流程示意图

此工艺的特点是将熟料、石膏或熟料、石膏和易磨混合材料混合粉磨，同时将矿渣或矿渣、石膏粉磨，然后通过均化设备将两种物料按一定比例进行均化，形成最终的水泥产品。

（三）分别粉磨的优缺点

把矿渣和熟料分别粉磨，避免了两组分之间的相互制约，可以按需要的细度粉磨各组分，使某些非活性组分得以更好发挥，更好地发挥混合材料的微粉填充作用，填充于水泥颗粒之间，改善水泥的颗粒组成，从而达到提高混合材掺量或水泥强度的目的。

尽管采取分别粉磨能够提高矿渣类难磨材料的细度，发挥其活性，提高水泥性能，但是粉磨工艺还存在明显缺陷，难以充分发挥分别粉磨的优势。突出的一点就是使用球磨机粉磨矿渣的电耗过高，同时细度难以提高到足够的水平。立磨的优点是电耗低，单机产量高；缺点是作为终粉磨时产品颗粒分布集中，球形度差[6]。

图 10-3 为国内某大型水泥厂生产的 PO42.5 水泥的颗粒组成以及某矿粉生产企业利用球磨机生产的矿渣粉的颗粒组成。

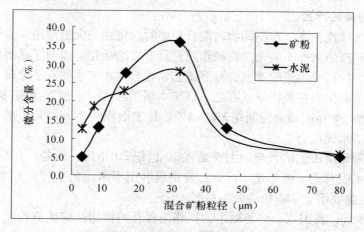

图 10-3　水泥和矿粉颗粒组成的比较

从图 10-3 的结果看出，矿粉的颗粒分布比水泥的还要窄，或者说和水泥的颗粒组成重合。

（四）国外分别粉磨工艺简介[6]

国外分别粉磨工艺已有 30 多年历史，其经验值得借鉴。

图 10-4 是国外某水泥厂的分别粉磨工艺示意图。熟料、石膏、石灰石和粉煤灰采用辊压机与球磨机联合粉磨，球磨机和 O-Sepa 选粉机组成闭路粉磨系统。选粉机具有足够高的选粉效率是保证熟料粒度分布足够窄的重要条件。该厂 O-Sepa 选粉机的选粉效率高达 88%，熟料（包括石膏，还可能包括石灰石、粉煤灰）粒度分布接近最佳性能 RRSB 方程，均匀性系数可达 1.28。在加入石灰石、粉煤灰的时候，因为细粉部分更多的是石灰石、粉煤灰，所以熟料的实际均匀性系数会更高一些。石膏的掺量满足水泥中 SO_3 的目标值。石灰石、粉煤灰是否添加和添加数量根据生产水泥品种的需要确定。粉煤灰加入选粉机，可以让大部分细颗粒直接进入成品，提高球磨机粉磨效率。该厂通常情况下生产近 20 个品种的水泥，熟料粉的品种也多达 3~5 种，水泥的混合材料品种、掺量不同，SO_3 含量不同，粒度分布不同。球磨机的尾仓使用了最小直径 15mm 的研磨体，有利于增加研磨能力和提高熟料

颗粒的圆形度。通过调整入磨熟料温度和磨内喷水量，保持出磨水泥温度约120℃左右，以控制水泥中适宜半水石膏含量[6]。

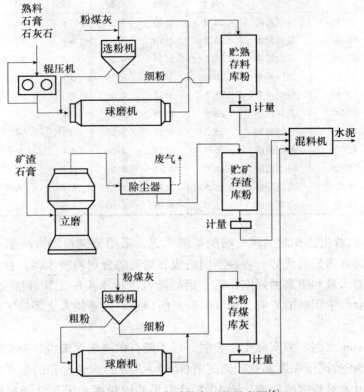

图 10-4　国外分别粉磨工艺示意图[6]

（五）分别粉磨对水泥性能的影响

关于分别粉磨与混合粉磨水泥常规性能和特殊性能随矿渣掺量的不同在第四章第一节进行了简单介绍。这里摘录文献［7］介绍的国外的研究结果。

G. Blunk 等人对试验室磨制的共同粉磨和分别粉磨的矿渣水泥的各龄期强度、需水量和凝结时间进行了全面测定。为了便于分析比较，这里仅选择了具有相同组成和相同比表面积的水泥列在同一个表中，结果如表 10-4 所示。

表 10-4　共同粉磨与分别粉磨矿渣水泥的性能[7]

样品名称	矿渣/熟料	粉磨方式	需水量（%）	凝结时间（h：min）		抗压强度（MPa）			
				初凝	终凝	2d	7d	28d	91d
AD45/3200/m	45/55	共同粉磨	26.5	2:55	3:40	8.0	14	36	52
AD45/3200/t	45/55	分别粉磨	25.5	2:55	3:45	9.2	25	40	54
AD45/3500/m	45/55	共同粉磨	27.0	2:45	3:30	8.8	18	42	55
AD45/3500/t	45/55	分别粉磨	25.0	3:00	4:05	12	21	47	57
AD45/3800/m	45/55	共同粉磨	27.0	3:10	3:55	11	28	45	61
AD45/3800/t	45/55	分别粉磨	25.0	2:35	3:15	13	35	48	57
AD45/4200/m	45/55	共同粉磨	—	—	—	12	32	51	60

样品名称	矿渣/熟料	粉磨方式	需水量（%）	凝结时间（h:min）		抗压强度（MPa）			
				初凝	终凝	2d	7d	28d	91d
AD45/4200/t	45/55	分别粉磨	25.0	2:50	3:35	16	36	50	57
AD60/3500/m	60/40	共同粉磨	25.5	3:10	3:50	6.6	12	30	44
AD60/3500/t	60/40	分别粉磨	25.5	3:30	4:20	7.9	24	39	44
AD60/3800/m	60/40	共同粉磨	26.0	3:05	3:50	6.8	17	37	47
AD60/3800/t	60/40	分别粉磨	25.5	3:15	4:00	9.1	29	44	52
AD60/4200/m	60/40	共同粉磨	26.5	2:45	3:25	10	32	47	54
AD60/4200/t	60/40	分别粉磨	25.5	3:15	3:55	12	34	49	55
AD75/3800/m	75/25	共同粉磨	26.5	3:25	4:00	5.6	20	34	40
AD75/3800/t	75/25	分别粉磨	26.0	4:25	5:05	6.8	24	35	42
AD75/4200/m	75/25	共同粉磨	26.5	3:30	5:25	6.8	26	37	44
AD75/4200/t	75/25	分别粉磨	25.0	4:05	4:50	8.5	30	42	48

从表10-4可以看出，相对共同粉磨的矿渣水泥，采用分别粉磨方法制得的水泥在强度和需水量方面都具有明显的优势。各种不同组成和细度的分别粉磨水泥，都比对应的共同粉磨水泥有更低的需水量和更高的强度。需水量的降低使得水泥的工作性能变得更好，因此，对混凝土的性能会产生积极的影响。强度的提高使得水泥能够掺入更多的矿渣，从而节约水泥的生产成本。

德国的Karlstadt水泥厂的实际生产表明，对于所有矿渣水泥来说，分别粉磨导致水泥标准砂浆的2d和28d的抗压强度都有轻微的增长（1~3MPa）。这种新的生产工艺对水泥需水量的影响甚至超过了对强度的影响。表10-5给出了共同粉磨水泥与分别粉磨水泥需水量的比较情况。可以看出，采用分别粉磨后水泥的需水量都有一定的下降，而且矿渣掺量越大下降幅度越大。两种CEM Ⅲ/B型高炉水泥的需水量相对共同粉磨下降约2%左右。这种需水量明显的下降对于新拌混凝土的性能有很大的好处。在相同的配合比下，改为分别粉磨再混合的生产方法后，矿渣水泥混凝土的流动度比原来增加80mm，而且凝结硬化速度更为缓慢。在实践中，这种情况将导致混凝土具有良好的工作性，在相同工作性的情况下就会减少减水剂或者高效减水剂的使用量。工厂内部的检测部门对共同粉磨和分别粉磨的CEM Ⅲ/B32.5水泥所拌制的混凝土性能的测定结果如图10-5所示。由图10-5可以清楚地看出，分别粉磨的矿渣水泥拌制的混凝土具有更高的强度[7]。

表10-5　共同粉磨和分别粉磨的矿渣水泥的需水量比较[7]

水泥种类	共同粉磨		分别粉磨	
	比表面积（cm²/g）	需水量（%）	比表面积（cm²/g）	需水量（%）
CEM Ⅱ/A-S32.5R	3120	28.5	3050	28.3
CEM Ⅱ/A-S42.5R	3910	30.3	3890	30.0
CEM Ⅱ/B-S32.5R	3120	28.2	3080	28.0
CEM Ⅲ/A42.5	3160	28.6	3090	27.8

水泥种类	共同粉磨		分别粉磨	
	比表面积（cm²/g）	需水量（%）	比表面积（cm²/g）	需水量（%）
CEM Ⅲ/B32.5	3600	30.5	3640	28.5
CEM Ⅲ/B42.5	4080	31.5	4080	20.6

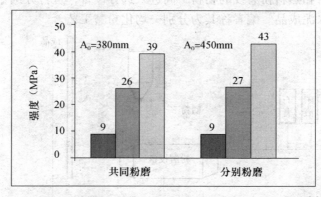

图 10-5　共同粉磨和分别粉磨的矿渣水泥混凝土强度比较[7]

（六）国内其他形式的分别粉磨工艺

根据企业的实际情况，国内有的单位对典型的分别粉磨工艺进行了改进，出现了其他形式的工艺流程。

其中的一种变形分别粉磨工艺如图 10-6 所示。该工艺的流程为首先将矿渣（或含石膏）单独粉磨至比表面积 $250 \sim 300 m^2/kg$，然后成品进入熟料粉磨线，和熟料、石膏以及其他混合材料再混合粉磨至控制目标。编者将其称为分别—混合粉磨工艺。

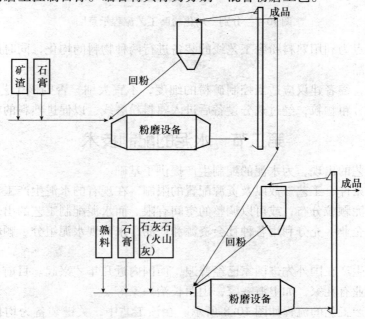

图 10-6　分别—混合粉磨工艺流程示意图

该工艺流程的特点为将矿渣实施预细碎，以在下一道粉磨过程中充分研磨；同时利用了选择性粉磨原理，在熟料粉磨过程中利用矿渣促进熟料或软性混合材料的作用，使某些物料进一步微细化。根据颗粒组成的测试，该工艺流程制备的水泥颗粒向粗细两端集中，更为接近于 Fuller 公式。

另外一种变形分别粉磨工艺如图 10-7 所示。该工艺流程是将矿粉成品加入熟料粉磨线的出磨水泥中，然后和熟料粉磨线的物料一同进入选分设备，进行分选，粗颗粒回磨再进行粉磨，细颗粒进入水泥成品。编者称其为分别—均化粉磨工艺。

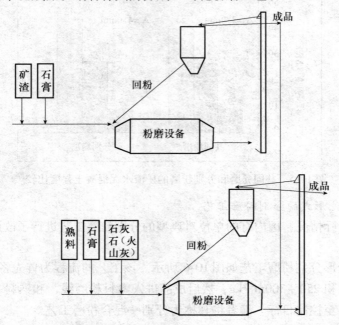

图 10-7　分别—均化粉磨工艺流程示意图

该工艺的特点为利用熟料粉磨工艺线的装备进行两种物料的均化，同时避免矿粉中的粗颗粒进入水泥成品。

对于此工艺，编者建议应适当控制矿粉的细度，不宜太细，否则该工艺仅起均化作用。矿粉中应留有部分粗颗粒，经过选分设备后进入熟料粉磨线，以促进熟料的粉磨。

第二节　水泥的配制技术

分别粉磨工艺的出现，为水泥的配制生产提供了基础。

由于受装备条件、工艺参数以及资源配置的限制，在现有的水泥生产工艺上，不可能实现完美的最佳水泥颗粒分布，或可以调整的空间有限。而水泥配制工艺的出现，则可以脱离一个固定的水泥企业，充分利用各种社会资源和产品，来实现水泥组分、颗粒组成以及性能的最优化。

水泥的配制生产在国外先进国家已经普遍，而国内近几年才兴起。目前在国内有规模的水泥配制生产企业有几家，如上海一家，山西长治一家等。

水泥配制生产工艺的流程如图 10-8 所示。在该工艺中，关键装备为均化设备，最初的配制线设备均从国外进口。

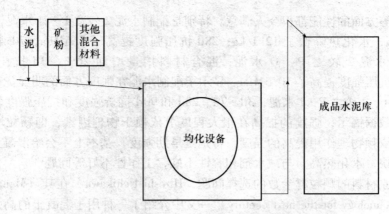

图 10-8　水泥配制工艺流程示意图

对于配制水泥的性能及优点可以从张大康[6]的半工业试验研究的结果窥见一斑。文献 [6] 所用材料的参数、配制水泥组分以及性能见表 10-6、表 10-7 和表 10-8。

表 10-6　试验材料的粒度分布参数[6]

项目	矿渣粉	粉煤灰	高细收尘灰	P·I 水泥	熟料
比表面积（m²/kg）	627	482	1194	327	348
均匀性系数	0. 90	1. 12	1. 07	1. 21	1. 06
特征粒径（μm）	9. 1	19. 5	8. 6	18. 4	23. 5

表 10-7　配制水泥各种材料配比[6]　　　　　　　　　　　　　　　　%

项目	P·I 水泥	高细收尘灰	矿渣粉	粉煤灰
配比 1	70	6	20	4
配比 2	60	6	30	4
配比 3	50	6	40	4
配比 4	40	6	50	4

表 10-8　配制水泥样品的物理性能及水化热[6]

样品名称	标准稠度用水量（%）	凝结时间（min）		安定性（mm）	抗折强度（MPa）				抗压强度（MPa）				水化热（kJ/kg）	
		初凝	终凝		3d	7d	28d	90d	3d	7d	28d	90d	3d	7d
P·I 水泥	28. 1	154	226	1.0	5.8	7.4	8.5	9.0	30.4	42.4	59.2	62.8	283	302
熟料	24. 5	124	168	0.8	5.6	7.0	8.2		27.4	39.1	53.3			
P·O 水泥	29. 0	166	221	0.5	6.0	7.3	8.4		28.1	41.8	56.3		275	291
配制水泥 1	27. 8	183	234	0.5	6.2	8.0	9.2	9.6	33.6	47.5	64.0	76.6		
配制水泥 2	27. 6	235	278	0.5	6.3	8.1	9.3	9.6	35.4	49.7	66.8	74.2	271	287
配制水泥 3	27. 4	237	291	0.8	6.5	8.3	9.7	9.9	29.1	48.9	64.8	75.2		
配制水泥 4	27. 9	221	278	0.5	5.9	8.7	10.3	10.8	25.6	43.5	59.9	70.7		

表 10-8 的检验结果表明，采用分别粉磨后混合得到的配制水泥，在标准稠度用水量、

强度和水化热等方面的性能都很令人满意。特别是配制水泥 2 较之 P·Ⅰ 水泥，3d 抗压强度提高了 5.0MPa，水化热降低了 12kJ/kg；28d 抗压强度提高了 7.6MPa，7d 水化热降低了 15kJ/kg。配制水泥 2 较之 P·O 水泥，混合材料掺量增加 26%，3d 抗压强度提高了 7.3MPa，28d 抗压强度提高了 10.5MPa。显示了配制水泥在强度方面的明显优势[6]。

　　配制水泥 1、2 较之 P·Ⅰ 水泥，3d、7d、28d 和 90d 抗折强度和抗压强度均有不同程度提高，水化热数据揭示，强度的提高在很大程度上依赖于物理因素，即颗粒堆积密度的提高。这种主要依赖物理作用提高的强度，特别是早期强度，基本上不会给混凝土带来诸如早期水化速率过快，水化热高，与减水剂相容性不好，工作性不好等问题[6]。

　　对于采用原材料的颗粒群参数的选择问题，Hiroshi Uchikawa[8] 在其《Management strategy in cement technology for the next century》一文中介绍了一种用于混凝土的高强水泥的生产方法，即在考虑水泥水化过程中物理性能变化的前提下，求出颗粒粗大化的极限及在规定的范围内比表面积最小、填充最紧密的组合，从而生产颗粒级配符合这些条件的水泥。试验研究结果见图 10-9、图 10-10、图 10-11 和表 10-9。这为水泥配制对原材料颗粒群参数的确定指明了方向，即以微粉填充效应和微集料效应为理论基础，通过不同细度的粉体实现水泥中微粉和粗粉含量的同时增加，改变水泥的颗粒分布，使其堆积紧密化，提高水泥的使用性能和力学性能。

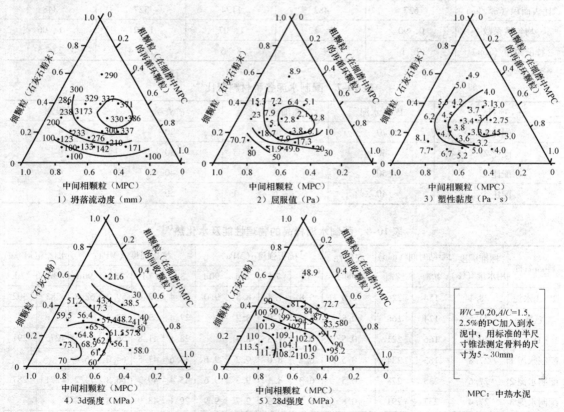

图 10-9　水泥材料的配合比和坍落度、屈服值、塑性黏度、混凝土抗压强度间的关系[8]

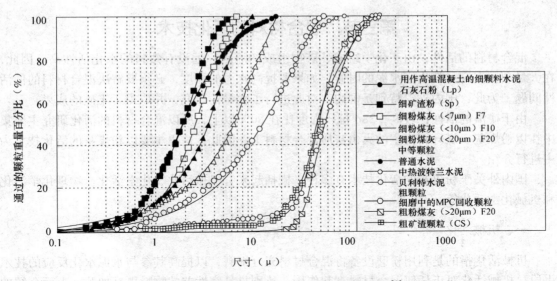

图 10-10 用于配置高强水泥的材料颗粒组成[8]

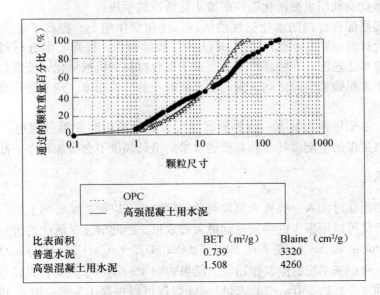

图 10-11 用于高强混凝土水泥的颗粒级配[8]

表 10-9 用于高强混凝土的水泥性能[8]

W/C	配合比（kg/m³）				外加剂[2]（%/水泥）	引气量（%）	坍落度（cm）	坍落流动度[3]（cm）	抗压强度（MPa）				ΔT[4]（℃）
	W	C	S	G[1]					3d	7d	28d	91d	
0.20	110	550	825	1084	2.0	1.8	26.5	63	58	72	96	114	38

注：1. 粗骨料最大尺寸 12mm；

2. 用聚羧酸基外加剂；

3. 坍落度和坍落流动度用全尺寸测定；

4. 混凝土绝热温升。

159

第三节　混合材料的活化技术

混合材料的活性，由于化学组成、矿物组成的原因，远没有熟料的水化活性高。因此，在大量利用混合材料生产水泥的时候，如果要提高水泥的强度，必须要解决混合材料的低活性问题。为此，国内外、特别是国内，对此进行了大量的研究，并取得了丰硕的成果。

由于矿渣的活性比较高，28d 抗压强度比在 80% 以上，所以混合材料的活化研究主要集中在以粉煤灰、煤矸石为主的火山灰质混合材料上。因此，这里主要以粉煤灰的活化技术为主进行介绍。

国内外关于粉煤灰的活化技术有多种，概括起来有机械活化、化学活化、物理化学活化和机械化学活化等。

一、机械活化

机械活化指的是利用粉磨设备将混合材料充分细磨，以提高其参与水泥水化反应的技术手段。机械活化对于任何混合材料都起作用，特别是易磨性差的物料更是如此。上面介绍的矿渣的分别粉磨就是利用机械活化提高矿渣水化活性的手段。

机械活化提高混合材料的水化活性的机理：在化学作用上，提高了混合材料的比表面积，增大了混合材料与熟料水化产生的 $Ca(OH)_2$ 接触面积，提高了混合材料的表面能，促进了混合材料的水化速度；在物理作用上，由于混合材料的机械活化，使混合材料颗粒微细化，能够填充于水泥颗粒空隙之间，提高了水泥颗粒的堆积密度，利于硬化浆体致密结构的形成。

但要注意，由于每种物料有一临界粉磨细度，此时的粉磨效果最理想。当进一步细磨时，不但要付出更多的电能消耗，而且粉磨效果的增长幅度不会增加很多，甚至效果相反。

二、化学活化

化学活化是指通过加入一些称为激发剂的化学物质，以促进系统的水化，提高材料的性能。由于化学活化可以用很少的物质达到最大的效果，因此对化学活化的研究比较多。

史才军和 Rober. L. Day 研究了在 50℃ 下，Na_2SO_4，$CaCl_2 \cdot 2H_2O$，$CaSO_4 \cdot 0.5H_2O$ 及 NaCl 对石灰石—火山灰系统的激发作用[9]，结果表明 4% Na_2SO_4 能显著提高石灰—火山灰水泥的强度，3d 强度提高约 5MPa，7d、28d、90d 强度可以提高 1.5 倍；加入 4% $CaCl_2 \cdot 2H_2O$ 也能提高石灰—火山灰水泥强度，尤其在后期，其强度比使用 Na_2SO_4 的还高。

任子明等人研究了木质磺酸钙、萘磺酸钠甲醛缩合物、聚多环芳烃磺酸钠、萘磺酸与木质磺酸共聚物、烷基芳基磺酸盐树脂等对粉煤灰水泥强度的作用，其中以萘磺酸钠甲醛缩合物为主要成分的外加剂效果最好，它与铝酸钠复合掺入水泥中，使早期强度大幅度提高[10]。

关于此方面的研究和技术不胜枚举，因此此处不再一一例举。

另外，现在在混凝土界常用的混凝土增强剂或早强剂，就是化学活化技术的具体运用。现在的增强型水泥助磨剂也是利用了化学活化原理，在提高水泥粉磨效率的同时，提高水泥熟料矿物的水化速率，进而提高水泥的强度。

在化学活化的过程中，激发剂的作用一是促进水泥熟料矿物的水化速率，进而提高整个系统的反应速率，二是与系统中的物质生成对水泥强度有益的水化产物，提高系统的力学性能。例如，根据研究，三乙醇胺能与水泥水化体系中的阳离子形成易溶于水的螯合物，且在水泥颗粒表面形成许多可溶点，使 C_3A、C_4AF 的溶解速率提高，致使与石膏的反应速度加快，水化产物 AFt 的量增多；三乙丙醇胺能促进包裹于 C_3S 外面的 C_4AF 的水化。无机材料中的 NaCl、$CaCl_2$ 则能促进 C_3S、C_2S 的水化，从而提高其早期强度。

无机材料中的硫酸盐，则能快速为 C_3A 的水化提供充足的硫酸根离子，避免对水泥性能无益的水化铝酸盐和单硫型钙矾石的出现。

根据研究资料，很多无机盐能够提高水泥浆体液相中的离子浓度，提高 $Ca(OH)_2$ 的过饱和程度，导致 $Ca(OH)_2$ 结晶提前，诱导期缩短，水泥的水化加速。

对于粒化电炉磷渣的化学激发和改性在本书第四章第六节进行了介绍，本处不再赘述。

三、物理化学活化

混合材料的物理化学活化指的是通过外界的物理作用，使混合材料的内部出现结构缺陷、化学组成或矿物组成的改变，从而提高了混合材料参与水泥水化的能力。

（一）水热合成法

方萍、方正[11]采用高温蒸汽条件下的碱激发粉煤灰。粉煤灰经活化激发后，粉煤灰水泥的早期强度明显提高，3d 抗压强度最大提高量为 37%。后期强度也有提高，28d 抗压强度最大提高值为 29%。粉煤灰水泥的强度提高一个等级。

南京化工大学研制成功以热电厂干排粉煤灰为主，掺入适量生石灰，混匀加水经 100℃ 常压水热合成若干小时后，再在低温下煅烧所得的熟料掺入一定量的石膏，共同粉磨即获得 325 低温合成粉煤灰水泥。它具有快凝早强的特点，掺入适量硅酸盐水泥熟料可制成喷射水泥[12]。

浙江大学韩韧等，将粉煤灰加 15%~50% 不同量石灰加水成型经不同压力压蒸 6h 后，再将压蒸产物 650~750℃ 脱水可得活性较好的胶凝矿物 $C_{12}A_7$、$\beta\text{-}C_2S$、C_2AS 等，也使粉煤灰的活性大大提高[13]。

（二）煅烧合成法

有的文献称为热激发，即借助物料的高温作用，在其他化学材料的作用下发生化学反应，形成对水硬性有利产物的处理方法。

印度 S. N. Sharma 等将粉煤灰分别与不同浓度的苏达灰、赤泥和铁矿石混合均匀成球，在 1300℃ 马福炉中煅烧 30min，再急冷可以明显提高粉煤灰活性[14]。

朱玉峰等将粉煤灰、碳酸钙以及氟化物复合矿化剂混合均匀后在 1000℃ 左右煅烧 1h，使粉煤灰颗粒表面形成胶凝性水泥矿物外层，从而使粉煤灰由火山灰质材料转变为水硬性胶凝材料[15]。

张文生等发明了一种活性煤矸石的生产方法，该方法是由 80~97wt% 原料煤矸石、3~20wt% 的石灰石和/或白云石在 600~1000℃ 煅烧，得到的煅烧样 85~100wt% 与 0~15wt% 的生石灰混合、粉磨制得。本发明煤矸石活性混合材中含有的组分基本和硅酸盐水泥相一致，不含影响水泥混凝土性能的有害组分，使其成为高性能水泥混凝土用性能调节型辅助胶凝组分，此为本发明的显著特点之一。制备煤矸石活性混合材的方法简便易行，并且合理解决了煤矸石的排放和堆存，经济效益和环境效益显著[16]。

另外，热电厂排出的增钙粉煤灰也是一种煅烧合成活化方法。即将燃煤加入一定量的石灰石混合磨细后喷入炉内燃烧，在高温条件下，加入的石灰石分解生成 CaO 与煤灰中的

SiO_2、Al_2O_3、Fe_2O 反应生成硅酸盐、铝酸盐等水硬性矿物。

四、物理处理改性法

重庆大学的肖勇丽[17]在其硕士论文中介绍了一种纯物理激发粉煤灰活性的方法——辐照激发。由于粉煤灰玻璃体为非对称结构，其活性成分和基本体系成分都是极性物质，均具有吸收辐照能量的特性，研究者将微波和 γ 射线两种常用的辐照技术应用于粉煤灰活性激发，并提出了一种粉煤灰活性硅铝快速测定的制样方法。结果表明：①微波能够提高粉煤灰活性，最佳激发参数为 350W 微波功率处理 10min。②微波激发对粉煤灰活性率提高明显，三种粉煤灰的活性率分别提高了 9.02%、5.28% 和 3.03%。③微波对粉煤灰砂浆的早期强度提高明显，7d 和 28d 的强度分别提高了 55.34% 和 15.08%，接近于纯水泥试样的强度。④激发剂条件下微波对粉煤灰的活性有一定的激发效果，早期激发效果最好的是掺 NaCl 激发剂组。

五、化学处理改性法

肖忠明利用化学处理方法对粉煤灰活性的作用进行了研究[18、19]。该研究摒弃碱性激发，采用酸进行酸化处理，处理工艺如下：

$$粉煤灰 \xrightarrow{处理剂，水} 搅拌 \xrightarrow{陈放一段时间} 烘干$$

经过处理的粉煤灰经 SEM 分析，表明处理后的粉煤灰中的玻璃漂珠的表面被破坏掉，表面变得粗糙，成绒绒状。而且在处理粉煤灰中有许多纤维状和絮状物质存在，而在原灰中很少发现。粉煤灰的活性有了明显的提高，3d 时玻璃漂珠的表面就被水化物所覆盖。配以调和剂，掺加 30% 处理粉煤灰的水泥胶砂强度有的在 3d 时就接近纯波特兰水泥。配以调和剂，掺加 30% 处理粉煤灰的水泥胶砂强度大幅度提高，3d 的水泥胶砂抗压强度比从原灰的 60.09% 提高到 72.28% ~ 95.96%，7d 的水泥胶砂抗压强度比从原灰的 62.22% 提高到 74.02% ~ 88.14%，28d 的水泥胶砂抗压强度比从原灰的 73.88% 提高到 85.23% ~ 98.69%，如图 10-12 所示。

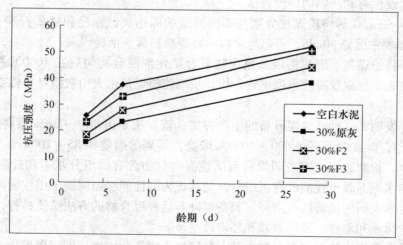

图 10-12　处理粉煤灰对水泥强度的影响[19]

第四节　利用混合材料特性生产特性水泥技术

混合材料用于水泥生产，不但能降低水泥生产成本，减少自然资源的消耗，而且还能利用混合材料的特性，生产具有特殊性能的水泥品种。

作为现在大量使用的矿渣、火山灰质混合材料、粉煤灰，人们仅关注其活性的大小，来降低熟料的用量，而忽略了它们的特性。由于它们结构性质、化学组成、矿物组成的不同，可以生产出具有各种特性的水泥产品来。

例如火山灰质混合材料的钙低，火山灰水泥水化产物中游离 $Ca(OH)_2$ 含量也低，硬化浆体中的水化硅酸钙凝胶含量较多，因此水泥石的致密度较高。与硅酸盐水泥相比，其抗渗性、抗淡水溶析的性能较好。当采用火山岩火山灰质材料时，其抗硫酸盐性能一般也比硅酸盐水泥好。而粉煤灰与其他火山灰质材料相比，由于结构比较致密，内比表面积小，有很多球状颗粒，所以需水量低，干缩性小，抗裂性好，同时水化热低、抗蚀性也较好。而矿渣水泥除了抗蚀性好、水化热低外，还具有较好的耐热性，可用于高温车间、温度达 300 ~ 400℃ 的热气通道[20]。

正是由于这些特点，这些混合材料被广泛用于低热水泥、中热水泥、抗硫酸盐水泥、大坝水泥的生产。

近几年，我国利用现有混合材料成功开发的、利用的水泥品种为"海工水泥"。它是由 70% 以上的矿渣、粉煤灰和少量熟料生产而成，具有低水化热、高抗硫酸盐的性能，在宁波地区的海洋工程中广泛应用。

使用混合材料是减少水化热的一种手段，但在大型混凝土构筑物中，在规定的龄期达到规定的强度，又要将绝热温升维持在例如 25℃ 这样的低值是相当困难的。经过摸索，日本发现了单位放热量的强度达到最大值的水泥与混合材料的组合，于 1988 年开发了"波特兰—矿渣—粉煤灰三组分混合水泥"。这种水泥被用于明石大桥的桥墩基础混凝土构筑物，成为混合水泥用的混合材料向多元化道路迈进的起点。混凝土的累计浇灌量已达 300 万 m^3 以上。

为了普及高层建筑，降低成本，要求混凝土构件薄壁化、轻质化，以复合材料代替已有的钢筋混凝土。1965 年英国的 Majundar 开发了用价格低、容易生产的玻璃纤维作增强材料的玻璃纤维增强混凝土（GRC）。但是，使用波特兰水泥的硬化混凝土呈强碱性，玻璃纤维被侵蚀，短短数年即被切断、溶减，因而构件的强度明显降低。为解决此问题研究了降低混凝土碱度的水泥。该水泥由 20% 左右的波特兰水泥、10% 左右的蓝方石（$4CaO \cdot 3Al_2O_3 \cdot SO_3$）、10% 左右的无水石膏和 60% 左右的矿渣混合而成。该水泥除了碱度低外，还具有早期强度高、收缩小的特点。

对于某些特殊混合材料，人们也进行了特性水泥的研究和生产。例如，磷渣中含有的游离 P_2O_5 能够延缓水泥的水化。因此，人们利用此特点，生产缓凝水泥，可以满足施工的需要。另外，磷渣水泥具有低水化热、和易性好、抗蚀性能好、后期强度增进大的特点。

云南省大朝山、鱼洞等大型水电站和水库使用粉状磷渣作为混凝土掺合料，掺量可达总胶凝料的 50% ~ 70%。在成昆铁路中坝到岳家村段，长达 40km 范围内隧道通过含盐地层。地层中含有大量芒硝、石膏、盐岩等可溶盐，环境中硫酸根浓度最大可达 15000mg/L，一般为 2000 ~ 3000mg/L。具有硫酸盐结晶侵蚀作用，使隧道混凝土衬里严重腐蚀，影响铁路运输。铁路局选用昆明水泥厂生产的磷渣硅酸盐水泥用于黑井、法拉两隧道腐蚀整治施工，用于模注混凝土和喷射混凝土。经过十多年的观察，现场混凝土表面无任何腐蚀痕迹。

再如，锂渣具有低碱的特点，所以被用来生产低碱水泥。同时，锂渣中的锂具有抑制碱集料反应的作用。

陈平[21]等利用钢渣制备了一种钢渣基新型膨胀剂。该膨胀剂利用硫铝酸盐熟料和石膏早期反应生成的钙矾石的补偿收缩功能，以及钢渣中 f-CaO、MgO 后期水化后的体积膨胀性能，通过控制硫铝酸盐水泥掺量和钢渣存放期来控制其游离 CaO、MgO 的消解程度，从而产生与水泥在不同水化历程的收缩特性相对应的膨胀，实现混凝土膨胀的可控性，有效防止混凝土的早期、晚期收缩和开裂，提高其抗渗性能及耐久性。

第五节　混合材料在混凝土中的应用及技术

一、高强高性能混凝土矿物外加剂

混合材料在混凝土中的使用是随着混凝土技术的发展而发展的。

商品混凝土的兴起，为混凝土的生产利用混合材料提供了基础条件；而高强高性能混凝土的发展，则使混合材料在混凝土中的应用成为必须。同时，随着混凝土应用混合材料研究和实践的深入，混合材料在混凝土中的作用和机理越来越清晰，对混合材料的称呼也随之而改变，由原先的矿物掺合料到现在的矿物外加剂，由普通材料变为功能性材料。

高强是混凝土长期追求的目标，20 世纪 50 年代以前，各国混凝土强度在 30MPa 以下，60 年代以来提高到 41～52MPa，现在 50～60MPa 高强混凝土广泛用于工程中。以水泥、砂石为材料并采用常规工艺生产高强混凝土，是在混凝土中引入高效减水剂之后，从 70 年代初期开始发展起来的。其主要手段是通过化学外加剂和矿物外加剂来降低混凝土的用水量和改善混凝土的微观结构，使混凝土更加致密来实现的。前者可降低混凝土的水胶比，提高混凝土的致密性和抗渗性，后者可改善混凝土的工作性，改善界面微观结构，堵塞混凝土内部孔隙，并起到胶凝材料的作用。

关于矿物外加剂的作用机理的研究很多，综合起来可以归结为如下几点：

1. 火山灰效应

刘辉等[22]的研究结果表明：在水泥硬化浆体中矿渣微粉的火山灰效应起主导作用，约占总效应的 80% 且随着掺量的增加和龄期的延长其效应逐渐明显。

研究表明，水泥浆与集料界面过渡区是高水灰比的，因而晶体尺寸较大，结构疏松，而且水化物晶体的取向性随与集料表面距离的增加而减弱。在水泥中掺入矿渣微粉后，矿渣微粉的火山灰效应消耗了熟料水化生成的氢氧化钙，使界面处氢氧化钙的取向比纯水泥明显下降，几乎没有取向，界面区厚度比纯水泥浆体的界面厚度略低，从而改善了硬化浆体的界面结构，提高了强度。

随着矿渣掺量的增加，在龄期相同时，参加二次水化反应的物质就越多。矿渣掺量的增加降低了水化产物的 Ca/Si，同时也降低水化硅酸钙的碱度。低碱度的水化硅酸钙强度高于高碱度的水化硅酸钙强度，所以矿渣微粉的火山灰效应的强度贡献率和火山灰效应因子都随掺量的增加而增加。但是矿渣微粉的掺量存在一个最佳值，这是由于当体系中氢氧化钙消耗完后，矿渣微粉就不能再发生二次水化反应了。

2. 填充效应

填充效应是利用混合材的微细颗粒填充到水泥颗粒的间隙中，通过物理作用使水泥颗粒实现紧密堆积，实现水泥硬化浆体结构的致密化。

根据 Aim 和 Goff 模型，含有混合材的水泥可以认为是一个二元系统，有一个最大堆积密度。潘钢华等[23]根据此模型计算出水泥单一体系的堆积密度为 0.55，而填加超细粉煤灰后最大堆积密度可以达到 0.65，采用硅灰的最大堆积密度可以达到 0.78。

3. 微集料效应

潘钢华等[24]经过研究认为：在高强和超高强水泥基材料中，微集料效应明显存在。微集料效应的存在可以弥补孔结构缺陷给强度带来的负面影响。微集料效应的发挥是 DSP 类超高强水泥基复合材料高强产生的重要原因之一。

4. 增塑作用

蒲心诚等[25]研究认为，活性矿物掺合料良好的填充作用主要表现为对净浆、砂浆和混凝土的增强效应和增塑效应。经试验，在混凝土中不掺入活性矿物掺合料时，混凝土流动性很小，甚至为零；随着掺合料的掺入，流动性增加，在某一掺量区间内，流动性大幅增加，随后，流动性增加减缓或停止，甚至出现负增长。

这是因为：

（1）拌合过程中，在高效减水剂的协同作用下，极小的矿物掺合料粒子表面覆盖了一层表面活性物质，与水泥粒子一样，使颗粒之间产生静电斥力。更由于矿物掺合料的填充作用，这些粒子填充在水泥颗粒之间的空隙中，将原来填充于空隙中的水置换出来，使粒子之间的间隔水层加厚，因此，混合料的流动性增大。

（2）与水泥粒子比较，矿物掺合料粒子很小，它们不但填充于水泥粒子之间的空隙，而且也可以使水泥颗粒之间的间距增大，使水泥颗粒分散，混合料流动性增大，如同润滑剂一样。此外，细小的掺合料粒子对水泥水化过程中形成的絮凝结构有解絮作用，可以使混凝土流动性损失减小，这就是超细掺合料的由于填充作用而产生的分散效应。

（3）一些矿物掺合料如粉煤灰，其颗粒多呈球形，即使是细磨后，部分仍呈球形，这些球形粒子在水泥颗粒之间起到"滚珠"作用，因此更增大了混合料的流动性。这就是矿物掺合料的形貌效应。硅灰的颗粒极小，但也呈球形，因此硅灰也具有良好的形貌效应；磨细矿渣多为形状不规则的颗粒，因此其形貌效应较差。

（4）矿物掺合料掺入时一般都采用质量替换法，即以相同质量的掺合料取代相同质量的水泥。但是，掺合料的比重都小于水泥的比重。因此，在等质量置换条件下，可以获得更多的浆体，增加了混凝土中的浆体体积，因而也提高了新拌混凝土的流动性。

随着高性能混凝土用量的迅速扩大，矿物外加剂的用量也不断增加。为了适应这一需要，扬各类矿物外加剂之长，避其之短，我国制定了 GB/T 18736《高强高性能混凝土用矿物外加剂》标准。该标准涵盖的矿物外加剂品种有矿渣粉、粉煤灰、硅灰、天然沸石粉以及它们的复合产品。

二、利用低活性废渣代天然集料生产混凝土技术

水泥混合材料也好，混凝土矿物外加剂也罢，在水泥、混凝土中的应用，主要是利用这些材料的潜在水硬性或火山灰活性。而对于一些低活性，特别是易磨性差的工业废渣，如铜

渣、钢渣等，将其细磨不仅消耗大量的电能，而且微细化后的效果没有矿渣等活性材料的效果好。因此，对于这些工业废渣，近些年人们进行了代砂、石用于混凝土的生产研究和实践。

铜渣是一种黑色、致密、坚硬、耐磨的玻璃相冶金渣，松散容重1.70t/m³、密度3.3t/m³、细度模数3.70~4.25，属粗砂型渣。钢渣一般硬度大、强度高、压缩量低、抗磨、吸水率低，经处理后成粒状。这些特点为这些渣在混凝土中的应用创造了条件。

同时，虽然这些渣的活性低，但也具有一定的火山灰活性。当这些渣代替砂石用作混凝土集料时，这些渣的表面会结合水泥水化产生的$Ca(OH)_2$，发生二次水化反应，在渣的表面形成水化硅酸钙，提高了集料与浆体的结合能力，减少了集料周围界面过渡带的厚度，利于混凝土性能的提高。

作为混凝土集料，铜渣、钢渣等不仅具有天然砂石没有的潜在水硬性，可以改善混凝土的界面结构，提高材料的整体性能。同时，这些渣中还含有橄榄石、蔷薇石等矿物，使这些渣还具有良好的耐磨性、耐冲击性、耐腐蚀性、抗冻融性、收缩小等一系列特性。

1996年6月27日，中国建材报报道了俄罗斯的一项研究成果。俄罗斯科学院化学物理研究所的专家发现矿渣虽无弹性，但如果在混凝土中将炼铁矿里清出来的颗粒状矿渣代替河流中捞起的泥沙，则混凝土的质量会起显著的变化，它的牢固度不受温度影响，且比原有混凝土提高3~5倍，如在水泥、石子中加入15%~30%的颗粒状矿渣，其混凝土的结合力将提高50%~80%，它会最大限度地减少由于碰撞引起的裂缝，称之为抗冲击混凝土。

宗力[26]进行了水淬铜渣代砂混凝土的研究，结果见表10-10。试验证明，铜渣混凝土和普通混凝土相比，强度增长规律相同或优于普通混凝土。同时，试验证明碾细铜渣配制的混凝土其力学性能优于粗粒原型铜渣，碾细后的铜渣表面积大，有界面火山灰效应。对铜渣水泥石界面状况的认识，使铜渣代砂开发利用有了突破性的进展，促进了铜渣混凝土的全面推广使用。

表10-10　铜渣混凝土配合比表[26]

序号	混凝土强度等级	1m³混凝土材料用量（kg）					水灰比	砂率（%）	坍落度（cm）	容重（kg/m³）	抗压强度（MPa）		
		水泥	铜渣	微集料	粗集料	水					R7	R28	R90
1	C40	523	428	218	1200	190	0.363	35	3.0	2580	37.3	46.3	55.4
2	C30	463	441	226	1239	190	0.410	35	4.0	2580	30.6	43.1	50.2
3	C25	390	458	234	1285	197	0.505	35	4.0	2580	23.5	29.7	38.4
4	C20	306	506	258	1358	173	0.565	36	2.0	2600	19.2	25.3	30.8
5	C15	251	534	272	1372	173	0.689	37	2.0	2600	13.7	23.0	24.8
6	C10	197	469	356	1405	160	0.812	37	2.0	2620	14.2	23.2	24.8

在国外钢渣主要用于筑路，我国在这方面进展不大，其主要原因是钢渣中的游离氧化钙 $f\text{-}CaO$，遇水生成氢氧化钙 $Ca(OH)_2$，产生体积膨胀使路基开裂，对工程造成破坏。近年来，许多钢铁公司和科研单位结合炼钢工艺特点，尤其针对钢渣特性，采用水汽处理钢渣，消解钢渣中的 $f\text{-}CaO$。根据钢渣中的 $f\text{-}CaO$ 随着湿水程度、时间、温度和钢渣的粒度而变化，甚至可使钢渣中的 $f\text{-}CaO$ 含量消解趋近于零。这样，钢渣在筑路、基础加固，墙体材料等方面的应用将有很大的市场。

研究表明，二灰钢渣混合料路用性能优于二灰砾石和二灰碎石。钢渣表面有空隙，石灰、粉煤灰等胶凝材料与钢渣配合使用，比石灰、粉煤灰与砾石、碎石配合使用，具有更好的附着性。利用钢渣填筑路基和修建路面基层和底层已被实际公路、铁路应用所证实，效果显著[27]。

将易磨性差的钢渣作为集料和取代碎石，可配制高性能的耐冲磨混凝土，提高工程的寿命和使用性能，降低工程造价，有显著的社会效益、经济效益和环境效益。研究表明，在混凝土中加入快速冷碎的钢渣作集料，其断裂韧性要比用石灰石作集料的混凝土，大约高 10%[28]。

国内外的研究表明，活性粉末混凝土具有优越的力学性能和耐久性能。但活性粉末混凝土所采用的原材料，有价格昂贵的硅灰和石英砂，生产成本高，阻碍了其推广和应用。使用钢渣代替石英砂作集料以配制活性粉末混凝土，不仅可以充分挖掘和利用钢渣的特性，提高钢渣的综合利用率和利用水平，而且可以改善活性粉末混凝土的性能，降低其生产成本[29]。

参考文献

［1］Bela Beke. The process of fine grinding. Budapest：Akademial kiado，1981. 46.

［2］吴建其等．石灰石与水泥熟料混合粉磨特性研究［J］．华南理工大学学报（自然科学版），1999 年，27(12)．

［3］卢迪芬等．水泥熟料与第二组分混合粉磨特性研究［J］．水泥，2000，12.

［4］G Blunk. Effect of particle size distribution of granulated blast furnace slag and clinker on the porperties of blast furnace cements［J］．ZKG，1998，(12)：616 – 623.

［5］须熙元．粒化高炉矿渣的生产和应用［J］．水泥工程，2002，3：19 – 21.

［6］张大康．分别粉磨工艺的水泥性能［J］．水泥，2008，8：9 – 14.

［7］姚丕强．分别粉磨对矿渣水泥颗粒分布以及性能的影响［J］．水泥技术，2006，4：28 – 33.

［8］Hiroshi Uchikawa. Management strategy in cement technology for the next century［J］．World Cement，September 1994.

［9］Caijum Shi and Robert L. Day. Chemical activation of blend cement made with lime and natural pozzolans［J］．C. C. R.．1993，23(6)：1389.

［10］任子明，谢尧生，夏桂清．外加剂对粉煤灰水泥强度发展的影响．中国硅酸盐学会水泥专业委员会．1986 年第三届全国水泥学术年会论文集．1986，430.

［11］方萍，方正．活化粉煤灰用作水泥混合材料的研究［J］．粉煤灰综合利用，2007，2：25 – 26.

［12］钟白茜，张少明．粉煤灰的活性与激发措施［J］．粉煤灰综合利用，1995，4：41 – 43.

［13］第四界水泥学术会议论文集．见：韩韧，杨全兵，宗汉．粉煤灰活化机制的探讨．北京：中国建筑工业出版社，1992.

［14］S. N. Ghosh，S. N. Sharma and V. K. Mathur. Activation of Indian fly ash［J］．iL cement，1992，2：87.

［15］朱玉峰．粉煤灰的表面改性和改性粉煤灰［J］．硅酸盐学报，1989，17(1)：82.

［16］张文生，陈益民，周双喜，贺行洋，李永鑫，王宏霞，叶家元．一种煤矸石活性混合材、其制备方法以及一种高性能水泥．CN200410101508. 7.

［17］肖勇丽．辐照激发粉煤灰活性研究［D］．重庆大学，2008.

［18］肖忠明．提高粉煤灰活性的处理方法．ZL98101418. 6.

［19］肖忠明．高活性粉煤灰的研制［J］．粉煤灰，2001，4.

［20］沈威，黄文熙，闵盘荣，水泥工艺学［M］．北京：中国建筑工业出版社，1986.

［21］陈平，王红喜，王英．一种钢渣基新型膨胀剂的制备及其性能［J］．桂林工程学院学报，2006，4：259 – 262.

［22］刘辉，张长营，杨圣玮，张红波．矿渣微粉在水泥中的效应分析［J］．混凝土，2007，4.

［23］潘钢华等．活性混合材掺量的理论计算方法与分析［J］．工业建筑，1997，27(9).

［24］潘钢华，孙伟，丁大钧．高强和超高强水泥基复合材料中微集料效应的实验研究［J］．工业建筑，1997，27(12).

［25］蒲心诚，刘芳，王冲，吴建华，万朝均．活性矿物掺合料的填充效应和增塑效应［J］．高性能混凝土和矿物掺合料的研究与工程应用技术交流会，153 – 157.

［26］宗力．水淬铜渣代砂混凝土［J］．青岛建筑工程学院学报，2003，24(2).

［27］方宏辉．钢渣细集料在混凝土路面中的应用研究［J］．河南建材，2002，4：7 – 9.

［28］姜从胜，彭波，李春等．钢渣作耐磨集料的研究［J］．武汉理工大学学报，2001，23(4)：14 – 17.

［29］刘建中．钢渣活性粉末混凝土的研究及其应用探讨［D］．重庆大学，2001.

附录 A 资源综合利用目录

（2003 年修订）

一、在矿产资源开采加工过程中综合利用共生、伴生资源生产的产品

1. 煤系伴生的高岭岩（土）、铝钒土、耐火黏土、膨润土、硅藻土、玄武岩、辉绿岩、大理石、花岗石、硫铁矿、硫精矿、瓦斯气、褐煤蜡、腐殖酸及腐殖酸盐类、石膏、石墨、天然焦及其加工利用的产品；

2. 黑色金属矿山和黄金矿山回收的硫铁矿、铜、钴、硫、萤石、磷、钒、锰、氟精矿、稀土精矿、钛精矿；

3. 有色金属矿山回收的主要金属以外的硫精矿、硫铁矿、铁精矿、萤石精矿及各种精矿和金属，以及利用回收的残矿、难选矿及低品位矿生产的精矿和金属；

4. 利用黑色、有色金属和非金属及其尾矿回收的铁精矿、铜精矿、铅精矿、锌精矿、钨精矿、铋精矿、锡精矿、锑精矿、砷精矿、钴精矿、绿柱石、长石粉、萤石、硫精矿、稀土精矿、锂云母；

5. 黑色金属冶炼（企业）回收的铜、钴、铅、锌、钒、钛、铌、稀土，有色金属冶炼（企业）回收的主要金属以外的各种金属及硫酸；

6. 磷、钾、硫等化学矿开采过程中回收的钠、镁、锂等副产品；

7. 利用采矿和选矿废渣（包括废石、尾矿、碎屑、粉末、粉尘、污泥）生产的金属、非金属产品和建材产品（＊1）；

8. 原油、天然气生产过程中回收提取的轻烃、氦气、硫磺及利用伴生卤水生产的精制盐、固盐、液碱、盐酸、氯化石蜡和稀有金属。

二、综合利用"三废"生产的产品

（一）综合利用固体废物生产的产品

9. 利用煤矸石、铝钒石、石煤、粉煤灰（渣）、硼尾矿粉、锅炉炉渣、冶炼废渣、化工废渣及其他固体废弃物、生活垃圾、建筑垃圾以及江河（渠）道淤泥、淤沙生产的建材产品、电瓷产品、肥料、土壤改良剂、净水剂、作物栽培剂；以及利用粉煤灰生产的漂珠、微珠、氧化铝；

10. 利用煤矸石、石煤、煤泥、共伴生油母页岩、高硫石油焦、煤层气、生活垃圾、工业炉渣、造气炉渣、糠醛废渣生产的电力、热力及肥料，利用煤泥生产的水煤浆，以及利用共伴生油母页岩生产的页岩油；

11. 利用冶炼废渣（＊2）回收的废钢铁、铁合金料、精矿粉、稀土、废电极、废有色

金属以及利用冶炼废渣生产的烧结料、炼铁料、铁合金冶炼溶剂、建材产品；

12. 利用化工废渣（＊3）生产的建材产品、肥料、纯碱、烧碱、硫酸、磷酸、硫磺、复合硫酸铁、铬铁；

13. 利用制糖废渣、滤泥、废糖蜜生产的电力、造纸原料、建材产品、酒精、饲料、肥料、赖氨酸、柠檬酸、核甘酸、木糖，以及利用造纸污泥生产的肥料及建材产品；

14. 利用食品、粮油、酿酒、酒精、淀粉废渣生产的饲料、碳化硅、饲料酵母、糠醛、石膏、木糖醇、油酸、脂肪酸、菲丁、肌醇、烷基化糖苷；

15. 利用炼油、合成氨、合成润滑油、有机合成及其他化工生产过程中的废渣、废催化剂回收的贵重金属、絮凝剂及各类载体生产的再生制品及其他加工产品。

（二）综合利用废水（液）生产的产品

16. 利用化工、纺织、造纸工业废水（液）生产的银、盐、锌、纤维、碱、羊毛脂、PVA（聚乙烯醇）、硫化钠、亚硫酸钠、硫氰酸钠、硝酸、铁盐、铬盐、木质素磺酸盐、乙酸、乙二酸、乙酸钠、盐酸、黏合剂、酒精、香兰素、饲料酵母、肥料、甘油、乙氰；

17. 利用制盐液（苦卤）及硼酸废液生产的氯化钾、溴素、氯化镁、无水芒硝、石膏、硫酸镁、硫酸钾、制冷剂、阻燃剂、燃料、肥料；

18. 利用酿酒、酒精、制糖、制药、味精、柠檬酸、酵母废液生产的饲料、食用醋、酶制剂、肥料、沼气，以及利用糠醛废液生产的醋酸钠；

19. 利用石油加工、化工生产中产生的废硫酸、废碱液、废氨水以及蒸馏或精馏釜残液生产的硫磺、硫酸、硫铵、氟化铵、氯化钙、芒硝、硫化钠、环烷酸、杂酚、肥料，以及酸、碱、盐等无机化工产品和烃、醇、酚、有机酸等有机化工产品；

20. 从含有色金属的线路板蚀刻废液、废电镀液、废感光乳剂、废定影液、废矿物油、含砷含锑废渣提取各种金属和盐，以及达到工业纯度的有机溶剂；

21. 利用工业酸洗废液生产的硫酸、硫酸亚铁、聚合硫酸铁、铁红、铁黄、磁性材料、再生盐酸、三氯化铁、三氯化二铁、铁盐、有色金属等；

22. 利用工矿废水、城市污水及处理产生的污泥和畜禽养殖污水生产的肥料、建材产品、沼气、电力、热力及燃料；

23. 利用工矿废水、城市污水处理达到国家有关规定标准，用于工业、农业、市政杂用、景观环境和水源补充的再生水。

（三）综合利用废气生产的产品

24. 利用炼铁高炉煤气、炼钢转炉煤气、铁合金电炉煤气、火炬气以及炭黑尾气、工业余热、余压生产的电力、热力；

25. 从煤气制品中净化回收的焦油、焦油渣产品和硫磺及其加工产品；

26. 利用化工、石油化工废气、冶炼废气生产的化工产品和有色金属；

27. 利用烟气回收生产的硫酸、磷铵、硫铵、硫酸亚铁、石膏、二氧化硅、建材产品和化学产品；

28. 利用酿酒、酒精等发酵工业废气生产的二氧化碳、干冰、氢气；

29. 从炼油及石油化工尾气中回收提取的火炬气、可燃气、轻烃、硫磺。

三、回收、综合利用再生资源生产的产品

30. 回收生产和消费过程中产生的各种废旧金属、废旧轮胎、废旧塑料、废纸、废玻璃、废油、废旧家用电器、废旧电脑及其他废电子产品和办公设备；

31. 利用废家用电器、废电脑及其他废电子产品、废旧电子元器件提取的金属（包括稀贵金属）非金属和生产的产品；

32. 利用废电池提取的有色（稀贵）金属和生产的产品；

33. 利用废旧有色金属、废马口铁、废感光材料、废灯泡（管）加工或提炼的有色（稀贵）金属和生产的产品；

34. 利用废棉、废棉布、废棉纱、废毛、废丝、废麻、废化纤、废旧聚酯瓶和纺织厂、服装厂边角料生产的造纸原料、纤维纱及织物、无纺布、毡、黏合剂、再生聚酯产品；

35. 利用废轮胎等废橡胶生产的胶粉、再生胶、改性沥青、轮胎、炭黑、钢丝、防水材料、橡胶密封圈，以及代木产品；

36. 利用废塑料生产的塑料制品、建材产品、装饰材料、保温隔热材料；

37. 利用废玻璃、废玻璃纤维生产的玻璃和玻璃制品以及复合材料；

38. 利用废纸、废包装物、废木制品生产的各种纸及纸制品、包装箱、建材产品；

39. 利用杂骨、皮边角料、毛发、人尿等生产的骨粉、骨油、骨胶、明胶、胶囊、磷酸钙及蛋白饲料、氨基酸、再生革、生物化学制品；

40. 旧轮胎翻新和综合利用产品。

四、综合利用农林水产废弃物及其他废弃资源生产的产品

41. 利用林区三剩物、次小薪材、竹类剩余物、农作物秸秆及壳皮（包括粮食作物秸秆、农业经济作物秸秆、粮食壳皮、玉米芯）生产的木材纤维板（包括中高密度纤维板）、活性炭、刨花板、胶合板、细木工板、环保餐具、饲料、酵母、肥料、木糖、木糖醇、糠醛、糠醇、呋喃、四氢呋喃、呋喃树脂、聚四氢呋喃、建材产品；

42. 利用地热、农林废弃物生产的电力、热力；

43. 利用海洋与水产产品加工废弃物生产的饲料、甲壳质、甲壳素、甲壳胺、保健品、海藻精、海藻酸钠、农药、肥料及其副产品；

44. 利用刨花、锯末、农作物剩余物、制糖废渣、粉煤灰、冶炼废矿渣、盐化工废液（氯化镁）等原料生产的建材产品；

45. 利用海水、苦咸水产生的生产和生活用水；

46. 利用废动、植物油，生产生物柴油及特种油料。

附：《目录》名词解释

为减少重复，特将《目录》中多次出现的名词解释如下：

*1 建材产品：包括水泥、水泥添加剂、水泥速凝剂、砖、加气混凝土、砌块、陶粒、墙板、管材、混凝土、砂浆、道路井盖、路面砖、道路护栏、马路砖及护坡砖、防火材料、保温和耐火材料、轻质新型建材、复合材料、装饰材料、矿（岩）棉以及混凝土外加剂等

化学建材产品。

  ＊2 冶炼废渣：包括转炉渣、电炉渣、铁合金炉渣、氧化铝赤泥、有色金属灰渣，不包括高炉水渣。

  ＊3 化工废渣：包括硫铁矿渣、硫铁矿煅烧渣、硫酸渣、硫石膏、磷石膏、磷矿煅烧渣、含氰废渣、电石渣、磷肥渣、硫磺渣、碱渣、含钡废渣、铬渣、盐泥、总溶剂渣、黄磷渣、柠檬酸渣、制糖废渣、脱硫石膏、氟石膏、废石膏模。

附录 B 资源综合利用企业所得税优惠目录

（2008 年版）

类型	序号	综合利用的资源	生产的产品	技术标准
一、共生、伴生矿产资源	1	煤系共生、伴生资源、瓦斯	高岭岩、铝矾土、膨润土、电力、热力及燃气	1. 产品原料100%来自所列资源； 2. 煤炭开发中的废弃物
二、废水（液）、废气、废渣	2	煤矸石、石煤、粉煤灰、采矿和选矿废渣、冶炼废渣、工业炉渣、脱硫石膏、磷石膏、江河（渠）道的清淤（淤泥）、风积沙、建筑垃圾、生活垃圾焚烧余渣、化工废渣、工业废渣	砖（瓦）、砌块、墙板类产品、石膏类制品以及商品粉煤灰	产品原料70%以上来自所列资源
	3	转炉渣、电炉渣、铁合金炉渣、氧化铝赤泥、化工废渣、工业废渣	铁、铁合金料、精矿粉、稀土	产品原料100%来自所列资源
	4	化工、纺织、造纸工业废液及废渣	银、盐、锌、纤维、碱、羊毛脂、聚乙烯醇、硫酸钠、亚硫酸钠、硫氰酸钠、硝酸、铁盐、铬盐、木质素磺酸盐、乙酸、乙二酸、乙酸钠、盐酸、黏合剂、酒精、香兰素、饲料酵母、肥料、甘油、乙氰	产品原料70%以上来自所列资源
	5	制盐液（苦卤）及硼酸废液	氯化钾、硝酸钾、溴素、氯化镁、无水芒硝、石膏、硫酸镁、硫酸钾、肥料	产品原料70%以上来自所列资源
	6	工矿废水、城市污水	再生水	1. 产品原料100%来自所列资源； 2. 达到国家有关标准
	7	废生物质油，废弃润滑油	生物柴油及工业精油	产品原料100%来自所列资源
	8	焦炉煤气，化工、石油（炼油）化工废气	硫磺、硫酸、磷铵、硫胺、脱硫石膏、可燃气、轻烃、氢气、硫酸亚铁、有色金属、二氧化碳、干冰、甲醇、合成氨	
	9	转炉煤气、高炉煤气、火炬气及除焦炉煤气以外的工业炉气，工业过程中的余热、余压	电力、热力	

类型	序号	综合利用的资源	生产的产品	技术标准
三、再生资源	10	废旧电池、电子电器产品	金属（包括稀贵金属）、非金属	产品原料100%来自所列资源
	11	废感光材料、废灯泡（管）	有色（稀贵）金属及其产品	产品原料100%来自所列资源
	12	锯末、树皮、枝丫材	人造板及其制品	1. 符合产品标准； 2. 产品原料100%来自所列资源
	13	废塑料	塑料制品	产品原料100%来自所列资源
	14		翻新轮胎、胶粉	1. 产品符合 GB9037 和 GB 14646 标准； 2. 产品原料100%来自所列资源； 3. 符合 GB/T 19208 等标准规定的性能
	15	废弃天然纤维、化学纤维及其制品	造纸原料、纤维纱及织物、无纺布、毡、黏合剂、再生聚酯	产品原料100%来自所列资源
	16	农作物秸秆及壳皮（包括粮食作物秸秆、农业经济作物秸秆、粮食壳皮、玉米芯）	代木产品、电力、热力及燃气	产品原料70%来自所列资源

附录 C 水泥混合材料相关技术标准目录

GB/T 203	用于水泥中的粒化高炉矿渣
GB/T 1596	用于水泥和混凝土中的粉煤灰
GB/T 2847	用于水泥中的火山灰质混合材料
GB/T 6645	用于水泥中的粒化电炉磷渣
GB/T 18046	用于水泥和混凝土中的粒化高炉矿渣粉
GB/T 21371	用于水泥中的工业副产石膏
GB/T 12957	用于水泥混合材的工业废渣活性试验方法
GB/12960	水泥组分的定量测定
GB/T 12961	水泥中火山灰质混合材料或粉煤灰掺加量测定方法
JC/T 417	用于水泥中的粒化铬铁渣
JC/T 418	用于水泥中的粒化高炉钛矿渣
JC/T 454	用于水泥中粒化增钙液态渣
JC/T 742	掺入水泥中的回转窑窑灰
YB/T 022	用于水泥中的钢渣

附录 D 相关水泥产品标准目录

GB175	通用硅酸盐水泥
GB/T 3183	砌筑水泥
GB 13590	钢渣硅酸盐水泥
GB/T 23933	镁渣硅酸盐水泥
JC 600	石灰石硅酸盐水泥
JC/T 311	明矾石膨胀水泥
JC/T 740	磷渣硅酸盐水泥
JC/T 1082	低热钢渣硅酸盐水泥
JC/T 1087	钢渣道路水泥
JC/T 1093	钢渣砌筑水泥

附录 E 部分工业废渣利用技术专利摘录

E.1 一种钢渣性能优化处理方法

【申请号】	CN200710114708.X	【申请日】	2007 – 11 – 26
【公开号】	CN101182138	【公开日】	2008 – 05 – 21
【申请人】	济南大学	【地址】	250022 山东省济南市市中区济微路 106 号济南大学材料学院
【发明人】	程新；周宗辉；刘福田；芦令超；常钧；黄世峰；叶正茂		
【摘要】	本发明涉及对一种钢渣性能优化处理方法。采用以下步骤：取一定量的钢渣，加入占钢渣重量百分比为 2%～10% 的钙质材料（以 CaO 计）、1%～5% 硅质材料（以 SiO_2 计）、1%～4% 铝质材料（以 Al_2O_3 计），共同混合研磨成细粉，进行煅烧，烧成温度为 1200～1550℃，煅烧完成后，在出渣口通过风冷或水冷，快冷造粒，研磨，得优化钢渣。本发明的有益效果是，从本质上优化了钢渣的矿物组成，提高钢渣的体积稳定性和水硬活性，使钢渣得到大量的、高效的资源化利用，同时使水泥、混凝土及其他相关制品降低成本和资源消耗，并有利于环境保护		
【主权项】	一种钢渣性能优化处理方法，其特征在于采用以下步骤：取一定量的钢渣，加入占钢渣重量百分比为 2%～10% 的钙质材料（以 CaO 计）、1%～5% 硅质材料（以 SiO_2 计）、1%～4% 铝质材料（以 Al_2O_3 计），共同混合研磨成细粉，进行煅烧，烧成温度为 1200～1550℃，煅烧完成后，在出渣口通过风冷或水冷，快冷造粒，研磨，得优化钢渣		

E.2 钢渣综合利用方法

【申请号】	CN00116008.7	【申请日】	2000 – 09 – 08
【公开号】	CN1282635	【公开日】	2001 – 02 – 07
【申请人】	武汉冶金渣环保工程有限责任公司	【地址】	430082 湖北省武汉市青山区工人村凤凰山特 1 号
【发明人】	冀更新；肖助荣；王英洪；全永华；袁贵甫		

【摘要】	一种钢渣综合利用的方法，将钢渣预粉碎后，烘烤干燥，磁选筛分，磨细粉碎分级，湿法磁选分级，球团制造等工序。其优点是钢厂的钢渣可以得到全部有效的利用，没有一点废弃物，解决了现在钢厂的钢渣占有大量农田和土地，造成了很大环境污染的弊病，给社会带来极大的社会效益和经济效益。就武钢而言，此工艺处理完武钢的全部钢渣，总投资8174万元，年利润为3636.38万元。节约土地近千亩
【主权项】	权利要求书：一种钢渣综合利用的方法，其特征在于将钢渣放在预破系统中进行破碎。破碎后的钢渣在干燥系统中进行除潮处理，使含水量在8%以下，转到磁选筛分系统进行分类，分出大于30mm的钢渣料和小于30mm的钢渣料，及粒子钢和精铁粉混合料三种，大于30mm的钢渣料入库备用，小于30mm的钢渣料转入细磨粉碎分级系统进行细磨粉碎分级，分成磨细钢渣粉，中粉，富铁渣料。磨细钢渣粉可作水泥和混凝土的活性掺合料，粗粉可作炼铁助溶剂，高强路面砖，钢渣砖，富铁渣料和粒子钢，精铁粉混合料一齐放入湿法磁选分级系统磁选分级。分出粒子钢，精铁粉，尾渣，粒子钢是炼钢原料，尾渣可作高级路面砖，钢渣砖，精铁粉放入球团制造系统加入添加剂制成球团矿，球团矿是炼铁的好原料

E. 3 钢渣改质及钢渣水泥

【申请号】	CN02122578.8	【申请日】	2002 - 06 - 08
【公开号】	CN1465538	【公开日】	2004 - 01 - 07
【申请人】	叶德敏	【地址】	614900 四川省乐山市沙湾区金顶钢铁公司
【发明人】	叶德敏		
【摘要】	一种钢渣改质处理和配制三种钢渣水泥的方法，属于环保和建材技术领域。其主要技术特征是在炼钢炉出渣过程中加入钢渣改质剂并随即进行搅拌，实现渣铁分离。所得的块状铁能达到清洁废钢和生铁的标准，大大提高了它的使用价值。采用不同配方的改质剂所得的改质钢渣，可分别用来配制钢渣普通水泥，钢渣中热水泥和钢渣道路水泥。三种水泥熟料消耗低，磨制中不须再加外加剂，混凝土早期强度高，不泛霜，质量稳定达到425号（GB 175—92）以上。电炉、平炉、转炉钢渣均可100%回收利用		
【主权项】	一种钢渣改质的方法，其特征是在钢渣出渣过程中加入钢渣改质剂并对液体钢渣进行搅拌，从而实现渣铁分离，获得块状铁和改质钢渣的方法		

E.4 一种钢渣砂干粉砂浆及其生产工艺

【申请号】	CN200610027153.0	【申请日】	2006－05－31
【公开号】	CN101081727	【公开日】	2007－12－05
【申请人】	上海宝钢综合 开发公司	【地址】	201900 上海市宝 山区同济路 1118 号
【发明人】	顾文飞；陈元峻；徐莉；唐欧靖		
【摘要】	一种钢渣砂干粉砂浆，主要由水泥、黄砂或加入少量外掺剂混合而成，其中以钢渣砂部分或全部替代黄砂，钢渣砂的代砂率为≥20%～100%，并加入一定量的改性剂。具体地说，本发明的钢渣砂干粉砂浆，按质量比其组成为：水泥：黄砂：钢渣砂：改性剂＝1：0～3.5：0.5～5：0.05～0.2。其生产工艺为：（1）原料检测、烘干；（2）制改性剂；（3）将水泥、黄砂和/或钢渣砂、改性剂按比例均匀混合制得钢渣砂干粉砂浆成品；（4）稠度、分层度和安定性测试；（5）计量、包装入库或散装入库。本发明无论是对废弃资源的充分利用，还是对节约能源、保护环境都有着重要的意义；且砂浆性能提高		
【主权项】	一种钢渣砂干粉砂浆，主要由水泥、黄砂或加入少量外掺剂混合而成，其特征在于以钢渣砂部分或全部替代黄砂，钢渣砂的代砂率为≥20%～100%，并加入一定量的改性剂，其组成按质量比为水泥：黄砂：钢渣砂：改性剂＝1：0～3.5：0.5～5：0.05～0.2		

E.5 钢渣硫酸盐水泥

【申请号】	CN90105483.6	【申请日】	1990－06－22
【公开号】	CN1057632	【公开日】	1992－01－08
【申请人】	文铁生；王剑波	【地址】	411102 湖南省湘潭市板塘 区宝塔岭省职工疗养院
【发明人】	文铁生；王剑波		

【摘要】	本发明是关于一种钢渣硫酸盐水泥及其制造方法。钢渣硫酸盐水泥的原料为水淬粒化钢渣、矿渣、硬石膏和硅酸盐水泥熟料，原料的配比为硬石膏 8%～14%、硅酸盐水泥熟料 2%～6%，其余为钢渣和矿渣 80%～90%（或掺入 10% 的火山灰），生产方法，将原料烘干，按规定比例配料后高细粉磨、均化、包装
【主权项】	一种钢渣硫酸盐水泥的生产方法，原料包括钢渣、矿渣、硬石膏、硅酸盐水泥熟料，其特征在于所用的原料配方（重量百分比）范围为：钢渣 36%～44%，矿渣 40%～50%，硬石膏 8%～14%，硅酸盐水泥熟料 2%～6%。上述原料用量之和为 100%

E.6 钢渣复合道路水泥及生产工艺

【申请号】	CN95102324.1	【申请日】	1995 – 04 – 04
【公开号】	CN1133269	【公开日】	1996 – 10 – 16
【申请人】	国家建材局成都建材设计研究院	【地址】	610051 四川省成都市新鸿路 331 号
【发明人】	杨渝蓉；王玉平；吴继明；齐砚勇		
【摘要】	一种用于道路工程及其他土建工程的胶凝材料及生产工艺，所生产的产品主要用于要求耐磨、耐腐蚀的工程及抗干缩、水化热低的其他工程。该水泥是由钢渣、矿渣、粉煤灰、硅酸盐水泥熟料、含铝硫酸盐及硅酸盐矿物构成的稳定激发剂磨细而成，生产采用专门的粉磨工艺，并要求对钢渣进行消解、磁选等预处理，所生产的水泥具有良好的使用性能，其耐磨性高，磨损量小于 $3.0kg/m^2$，28d 干缩率小于 0.10%，初凝时间为 1～5h，终凝时间小于 8h，优于道路硅酸盐水泥的国家标准（GB 13693—92）的要求，其强度指标达到普通硅酸盐水泥 425# 的标准以上
【主权项】	一种用于道路工程及其他土建工程的胶凝材料及生产方法，其产品主要用于要求耐磨、耐腐蚀的工程及抗干缩要求较高、水化热较低的其他工程，其特征在于该产品（水泥）是由经预消解处理并磁选后的钢渣与矿渣、粉煤灰、硅酸盐熟料、含铝硫酸盐及硅酸盐矿物多种物质粉磨混合而成的

E.7　由矿渣和钢渣复合而成的胶结材

【申请号】	CN01106474.9	【申请日】	2001 – 02 – 14
【公开号】	CN1370754	【公开日】	2002 – 09 – 25
【申请人】	胡新杰；邱荣夫	【地址】	430080 湖北省武汉市青山区民族新村 20 门 6 楼 1 号（青山地税局后）
【发明人】	胡新杰；邱荣夫		
【摘要】	一种用于制备砂浆及混凝土的由矿渣和钢渣复合而成的胶结材。该胶结材由复合矿渣微粉和钢渣细集料两种组分按重量比 1∶1 ~ 2 组成，其中：复合矿渣微粉按重量又由 70% ~ 85% 的高炉矿渣、8% ~ 20% 的水泥熟料和 7% ~ 11% 的石膏经磨细组成，其比表面积为 3500 ~ 7600cm²/g；钢渣细集料为仅经粒化处理或磁选过筛、其自然级配的粒径小于 8mm 的钢渣。本发明中钢渣不以粉料而以细集料的形式参与组合，使所得胶结材具有生产工艺简单、生产成本低廉、成品品位高等多种特点		
【主权项】	权利要求书：一种由矿渣和钢渣复合而成的胶结材，用于制备砂浆及混凝土，其特征在于：该胶结材由复合矿渣微粉和钢渣细集料两种组分按重量比 1∶1 ~ 2 组成，其中：复合矿渣微粉按重量又由 70% ~ 85% 的高炉矿渣、8% ~ 20% 的水泥熟料和 7% ~ 11% 的石膏经磨细组成，其比表面积为 3500 ~ 7600cm²/g；钢渣细集料为仅经粒化处理或磁选过筛、其自然级配的粒径小于 8mm 的钢渣		

E.8　一种利用钢渣集料制成的 GRC 制品

【申请号】	CN200510027498.1	【申请日】	2005 – 07 – 04
【公开号】	CN1891655	【公开日】	2007 – 01 – 10
【申请人】	上海宝钢冶金建设公司	【地址】	200941 上海市宝山区月浦宝泉路 1 号
【发明人】	张健；杨林；金强；高卫波		

【摘要】	本发明属于 GRC 制品技术领域。本发明所述的利用钢渣集料制成的 GRC 制品，包括水泥、黄砂、玻璃纤维、速凝剂，其中黄砂体积的 20% ~80% 被钢渣等体积代替。本发明所述的利用钢渣集料制成的 GRC 制品，有效利用钢渣废弃物作为环艺制品原料，提高了钢渣综合利用的附加值，同时降低了配置 GRC 制品的经济成本，提高了掺加钢渣后 GRC 制品的使用性能
【主权项】	权利要求书：一种利用钢渣集料制成的 GRC 制品，包括水泥、黄砂、玻璃纤维、速凝剂，其中黄砂体积的 20% ~80% 被钢渣等体积代替

E.9　钢渣—偏高岭土复合胶凝材料及其制备方法

【申请号】	CN200510018695.7	【申请日】	2005 – 05 – 12
【公开号】	CN1699253	【公开日】	2005 – 11 – 23
【申请人】	武汉理工大学	【地址】	430070 湖北省武汉市洪山区珞狮路 122 号
【发明人】	胡曙光；丁庆军；王红喜；吕林女；何永佳；王发洲；陈平		
【摘要】	本发明涉及一种无水泥熟料的碱胶凝材料。钢渣—偏高岭土复合胶凝材料，由钢渣、偏高岭土、水玻璃溶液、硫酸钠、氟化钠混合而成，其各组分质量配比为：钢渣:偏高岭土:水玻璃溶液:Na_2SO_4:NaF = 1:0.1 ~9:0.66 ~8:0.033 ~0.3:0.022 ~0.2；其中，钢渣的细度为 400 ~650m²/kg，碱度 >1.2；偏高岭土为煤系高岭土在 650 ~800℃ 条件下煅烧，细度为 500 ~700m²/kg；水玻璃的模数为 1.0 ~2.0，水玻璃的波美度 33° ~44°。本发明的材料具有胶凝性能的特点，可满足同标号普通硅酸盐水泥性能要求		
【主权项】	钢渣—偏高岭土复合胶凝材料，由钢渣、偏高岭土、水玻璃溶液、硫酸钠、氟化钠混合而成，其各组分质量配比为：钢渣:偏高岭土:水玻璃溶液:Na_2SO_4:NaF = 1:0.1 ~9:0.66 ~8:0.033 ~0.3:0.022 ~0.2；其中，钢渣的细度为 400 ~650m²/kg，碱度 >1.2；偏高岭土为煤系高岭土在 650 ~800℃ 条件下煅烧，细度为 500 ~700m²/kg；水玻璃的模数为 1.0 ~2.0，水玻璃的波美度 33° ~44°		

E.10 钢渣白水泥

【申请号】	CN89103190.1	【申请日】	1989 - 05 - 15
【公开号】	CN1038442	【公开日】	1990 - 01 - 03
【申请人】	冶金部建筑研究总院	【地址】	北京市学院路43号
【发明人】	俞小平		
【摘要】	本发明提供了一种具有早强、高强和无强度倒缩的特点的钢渣白水泥。它突破了现有技术中关于SO_3含量的通常作法并新增了一种更理想、更经济的活性混合材。本发明提供的钢渣白水泥均达到325#，其中85%在425#以上		
【主权项】	一种电炉还原渣、烧石膏、缓凝剂和混合材组成的钢渣白水泥，其特征在于钢渣白水泥中SO_3的含量为8%～17%		

E.11 磷渣钢渣白水泥及其制备方法

【申请号】	CN90101739.6	【申请日】	1990 - 04 - 05
【公开号】	CN1055530	【公开日】	1991 - 10 - 23
【申请人】	北京矿冶研究总院	【地址】	100044 北京市西城区西直门外文兴街1号
【发明人】	成先红；汪靖；祝大荣；王纪曾		
【摘要】	本发明涉及一种水泥新品种，更确切地说涉及一种磷渣钢渣白水泥及其制备方法。本发明采用磷渣、钢渣及煅烧石膏作为无熟料磷渣钢渣白水泥的组成部分。将磷渣、钢渣及煅烧石膏按一定比例混合且粉磨至细度不小于$4000cm^2/g$，并将其中的三氧化硫含量控制在10%～13%之间即可制得。本发明的白水泥达到（GB 2015—80）中325#白水泥的标准		
【主权项】	一种磷渣白水泥，由磷渣及煅烧石膏所组成，其特征在于掺加了钢渣和不需熟料		

E.12　钢渣导电混凝土

【申请号】	CN200310104053.X	【申请日】	2003 – 12 – 16
【公开号】	CN1546415	【公开日】	2004 – 11 – 17
【申请人】	重庆大学	【地址】	400044 重庆市沙坪坝区沙坪坝正街 174 号
【发明人】	唐祖全；钱觉时；王智；李长太		
【摘要】	一种钢渣导电混凝土，涉及导电混凝土技术领域，其特征在于钢渣导电混凝土由硅酸盐水泥、钢渣和水组成，组成简单；其配合比例的重量百分比是：硅酸盐水泥 10 ~ 60，钢渣 20 ~ 80，水 8 ~ 25。本发明钢渣导电混凝土不但导电性好，力学强度高，而且价格低廉；其制作工艺简单，便于推广应用。可广泛应用于工业防静电、电力设备接地工程、电磁干扰屏蔽和钢筋阴极保护等领域，是经济而实用的导电混凝土材料		
【主权项】	一种钢渣导电混凝土，由硅酸盐水泥和水组成，其特征在于还有钢渣，其配合比例的重量百分比是：硅酸盐水泥 10 ~ 60，钢渣 20 ~ 80，水 8 ~ 25		

E.13　新型早强钢渣、矿渣等工业废渣的活性激发剂

【申请号】	CN92103967.0	【申请日】	1992 – 05 – 25
【公开号】	CN1079212	【公开日】	1993 – 12 – 08
【申请人】	四川建筑材料工业学院	【地址】	621002 四川省绵阳市
【发明人】	钱光人；杨渝蓉；何卓然		
【摘要】	一种新型早强钢渣、矿渣、粉煤灰等工业废渣的活性激发剂，主要用于激发钢渣、矿渣、粉煤灰等工业废渣的活性，生产含这些废渣量高的高强度水硬性胶凝材料。该激发剂的配方为：含碱化合物 20% ~ 40%，铝酸盐矿物 20% ~ 40%，石膏 20% ~ 30%。可根据渣的特性适当调整。该激发剂用于各种类型的钢渣，生产 425# 水泥都不超过 15%，特别是对钢渣、矿渣效果十分明显，它可使钢渣的消耗量达到 50% 以上，矿渣 60% 以上；若将钢渣与矿渣混合或与粉煤灰混合，钢渣与磷渣混合可使废渣总利用率达 80% 以上，生产 425# 水泥		
【主权项】	一种新型早强钢渣、矿渣、粉煤灰等工业废渣的活性激发剂，主要用于激发钢渣、矿渣、粉煤灰等工业废渣的活性，生产含这些废渣量高的高强度水硬性胶凝材料，其特征在于该激发剂的配方为：含碱化合物 20% ~ 40%，铝酸盐矿物 20% ~ 40%，石膏 20% ~ 30%		

E.14 复合硅酸盐水泥

【申请号】	CN00100108.6	【申请日】	2000 - 01 - 10
【公开号】	CN1258653	【公开日】	2000 - 07 - 05
【申请人】	王绍华	【地址】	102209 北京市昌平区北七家镇西湖新村 2 号楼 2 门 2 层 2 号
【发明人】	谢尧生；刘艳军；王绍华		
【摘要】	本发明涉及一种复合硅酸盐水泥，其特征在于它由 15～50 份镍渣，40～70 份硅酸盐水泥熟料，8～10 份石膏，10～20 份粒化高炉矿渣混合后研磨至比表面积为 4000～5000cm²/g 超细粉体，可制成 325#、425#、525# 水泥，该复合硅酸盐水泥具有早期强度好，其他各项常规指标均符合复合硅酸盐水泥标准的优点，可用于矿井回填混凝土的胶凝材料及一般民用建筑用胶凝材料，同时也充分利用镍渣废物，变废为宝，为人类造福，改善了环境		
【主权项】	权利要求书：一种复合硅酸盐水泥，其特征在于它由下述重量配比的原料和方法制成的 325#、425#、525# 水泥：镍渣 15～50 份，硅酸盐水泥熟料 40～70 份，石膏 8～10 份，粒化高炉矿渣 10～20 份。将上述配比的镍渣、硅酸盐水泥熟料、石膏、粒化高炉矿渣，混合后用研磨机磨细至比表面积为 4000～5000cm²/g 超细粉体		

E.15 一种硫酸渣高铁水泥

【申请号】	CN00107675.2	【申请日】	2000 - 05 - 23
【公开号】	CN1324778	【公开日】	2001 - 12 - 05
【申请人】	北京友合攀宝科技发展有限公司	【地址】	100176 北京经济技术开发区宏达北路 10 号 406
【发明人】	伍燕雄		
【摘要】	一种利用硫酸废渣制造的硫酸盐高铁水泥，按重量百分比水泥的组成为：硫酸渣 5%～90%，水泥熟料 5%～90%，石膏 1%～5%，萘系减水剂 0%～2%，颜料 0%～8%		
【主权项】	权利要求书：一种硫酸渣高铁水泥，其特征在于按重量百分比水泥的组成为：硫酸渣 5%～90%，水泥熟料 5%～90%，石膏 1%～5%，萘系减水剂 0%～2%，颜料 0%～8%		

E.16 一种赤泥制备硫铝酸盐水泥的方法

【申请号】	CN200610076718.4	【申请日】	2006 – 04 – 20
【公开号】	CN1837121	【公开日】	2006 – 09 – 27
【申请人】	中国地质大学（北京）	【地址】	100083 北京市 海淀区学院路 29 号
【发明人】	赵宏伟；李金洪		
【摘要】	本发明涉及以氧化铝工业废渣赤泥为主要原料制备硫铝酸盐水泥及其制备方法，其配方主要是以 26% ~ 41% 的赤泥部分代替常规硫铝酸盐水泥生产用的部分铝质、钙质原料，完全取代硅质和铁质原料，粉磨至一定细度后，通过设计水泥熟料中 C_4A_3S、C_2S、C_4AF 等主要矿物的组成，经同铝矾土、石灰石、石膏等配料制备硫铝酸盐水泥。该方法制备硫铝酸盐水泥，赤泥直接利用率高，不需要改进传统硫铝酸盐水泥生产工艺，熟料易烧性好，硬化速度快，早期强度高，且后期强度也增进稳定。性能测试表明，利用赤泥制的硫铝酸盐水泥力学强度优于市售 425 标号的快硬硫铝酸盐水泥		
【主权项】	一种利用赤泥制备的硫铝酸盐水泥，其特征在于：赤泥在原料中配量为 26% ~ 41%，其他原料配量为（重量百分比）：铝矾土 20% ~ 25%，石灰石 27% ~ 44%，石膏 7% ~ 10%		

E.17 镁渣灰砌筑砂浆粉及其制品

【申请号】	CN99102690. X	【申请日】	1999 – 04 – 17
【公开号】	CN1236747	【公开日】	1999 – 12 – 01
【申请人】	徐玉忠	【地址】	032200 山西省汾阳市 胜利街 148 号
【发明人】	徐玉忠		

【摘要】	一种镁渣灰砌筑砂浆粉，采用金属镁冶炼废渣，掺合炼铁水淬矿渣和熟石膏配制而成，其配比按重量百分比计为：金属镁冶炼废渣45%～57%，炼铁水淬矿渣40%～50%，熟石膏2%～6%。按上述配比将各成分混合，经球磨机粉碎至所要求的细度即制得。采用该砂浆粉与中砂和适量水混合配制成砌筑砂浆，可替代水泥混合砂浆使用。采用该砌筑砂浆再通过脱模成型、自然养护可制成镁渣灰砌块等制品。本发明有效消除了金属镁冶炼废渣造成的环境污染，且有较好的经济效益
【主权项】	一种镁渣灰砌筑砂浆粉，其特征是采用金属镁冶炼废渣，掺合炼铁水淬矿渣和熟石膏，再经球磨机粉碎后制成，其按重量百分比计的配比为：金属镁冶炼废渣45%～57%，炼铁水淬矿渣40%～50%，熟石膏2%～6%，各组分重量之和为100%。所采用的金属镁冶炼废渣中氧化镁含量低于8%，氧化钙含量不低于30%，氧化硅含量不低于20%，以上成分均按重量百分比计

E.18 一种添加煤渣的镁渣砖及其制备方法

【申请号】	CN200610200744.3	【申请日】	2006－07－26
【公开号】	CN101113623	【公开日】	2008－01－30
【申请人】	贵州世纪天元矿业有限公司	【地址】	550002 贵州省贵阳市市南路69号电信商务大厦11楼1－4号
【发明人】	张继强；陈黔		
【摘要】	本发明公开了添加煤渣的镁渣砖及其制备方法，它是用下述重量配比的原料：镁还原渣60～80份、碎石10～25份、石膏或/和石灰1～15份，煤渣5～25份，将镁还原渣用蒸汽蒸1～3h或加水焖料1～5d后再与其他原料加水混合、压制成型，干燥后制成。本发明采用炼镁过程中产生的大量镁还原渣为主要原料，加入适当配料，制成建筑用砖，既减轻了工业废渣对环境的污染，又为建筑工程增加了新材料。本发明配方合理，制作方法易于掌握，生产周期短，制出的砖强度在25MPa以上，可达到国家建筑用砖的标准
【主权项】	一种添加煤渣的镁渣砖，其特征在于：它是用下述重量配比的原料加水制成：镁还原渣60～80份，碎石10～25份，石膏或/和石灰1～15份，煤渣5～25份

E.19 复合增钙液态渣粉混凝土掺合料

【申请号】	CN200610010386. X	【申请日】	2006 – 08 – 08
【公开号】	CN1911849	【公开日】	2007 – 02 – 14
【申请人】	黑龙江岁宝热电有限公司；黑龙江省寒地建筑科学研究院	【地址】	150300 黑龙江省哈尔滨市阿城市延川北大街
【发明人】	朱卫中；龚逸明；朱广祥；张雪晶；江守恒；尹冬梅；单星本；李治；张金仲；张锦屏；文婧；曲兰琴；陈景春；王学军；王志革；郑权；刘占祥；李新；刘晓杰		
【摘要】	本发明提供的是一种复合增钙液态渣粉混凝土掺合料。它含有细度为 280～550m²/kg 的磨细增钙液态渣粉。增钙粉煤灰及其他混凝土改性材料。本发明的产品掺合在水泥混凝土中可取代部分水泥，其掺量随混凝土的等级不同而异，掺量范围为 10%～80% 之间选择，一般等级混凝土在 30%～50% 之间选择，最大水泥取代量可达 80%，常用取代量为 30% 左右。本发明中添加其他一些混凝土改性材料，目的是改善产品的性能		
【主权项】	权利要求书：一种复合增钙液态渣粉混凝土掺合料，其特征是：它含有细度为 280～550m²/kg 的磨细增钙液态渣粉		

E.20 用于水泥、混凝土、砂浆中的高炉钛矿渣复合微粉

【申请号】	CN02134080. 3	【申请日】	2002 – 11 – 15
【公开号】	CN1500758	【公开日】	2004 – 06 – 02
【申请人】	攀枝花环业冶金渣开发有限责任公司	【地址】	617000 四川省攀枝花市东区荷花池
【发明人】	孙希文		
【摘要】	本发明是一种用于水泥、混凝土、砂浆中的高炉钛矿渣复合微粉，特别是将其作为非活性材料掺入水泥、混凝土、砂浆中的复合微粉。本发明含有高炉钛矿渣，本发明除含有所述的高炉钛矿渣外，还含有粉煤灰、钢渣单加或复掺。本发明用于水泥、混凝土、砂浆中折算出的高炉钛矿渣等量取代水泥量大于 10%。本发明实现了高炉钛矿渣的大规模利用，制备技术简单，成本低，同时也降低了水泥、混凝土、砂浆的生产成本，改善了水泥、混凝土、砂浆的性能		
【主权项】	一种用于水泥、混凝土、砂浆中的高炉钛矿渣复合微粉，其特征在于：含有高炉钛矿渣		

E.21 用硫酸铝渣作水泥生料原料和混合材的水泥生产工艺

【申请号】	CN93121179.4	【申请日】	1993 – 12 – 28
【公开号】	CN1092390	【公开日】	1994 – 09 – 21
【申请人】	浙江大学	【地址】	310027 浙江省 杭州市浙大路 20 号
【发明人】	康齐福；陈树松；施正伦；姜肖凌；王惠民；周燃窑		
【摘要】	本发明公开了一种用硫酸铝渣作水泥生料原料和混合材的水泥生产工艺，它包括石灰石、硫酸铝渣、铁粉、煤和矿化剂配制成全黑水泥生料，经粉磨予加水制成全黑水泥生料球，加入水泥窑中烧制成高强低耗硅酸盐水泥熟料，将水泥熟料加适量石膏和硫酸铝渣混合材粉磨制成普通硅酸盐水泥，复合硅酸盐水泥或微集料火山灰质硅酸盐水泥。硫酸铝渣是生产硫酸铝化工厂排出的废渣，废弃堆积，占用良田，经雨淋废液渗漏，大量污染农田，污染环境，采用本发明可变废为宝		
【主权项】	一种用硫酸铝渣作水泥生料原料和混合材的水泥生产工艺，它包括钙质原料（石灰石）、硅质原料、铁、铝校正原料（铁粉）、煤和矿化剂配制成全黑水泥生料，经粉磨预加水制成全黑水泥生料球，加入水泥窑中烧制成高强低耗硅酸盐水泥熟料，将水泥熟料加适量石膏和混合材经粉磨制成普通硅酸盐水泥，复合硅酸盐水泥或微集料火山灰质硅酸盐水泥，其特征在于水泥生料中采用硫酸铝渣既作硅质原料，又作铝质校正材料，同时在水泥中采用硫酸铝渣作为水泥混合材		

E.22 新型复合硅酸盐水泥

【申请号】	CN94110591.1	【申请日】	1994 – 05 – 19
【公开号】	CN1099360	【公开日】	1995 – 03 – 01
【申请人】	山东临沂市第三水泥厂； 山东建筑材料工业学院	【地址】	276022 山东省临沂市 册山二龙山前
【发明人】	朱宏军；李朝林；刘晓存；丁铸；上官跃远；季相喜		

【摘要】	新型复合硅酸盐水泥,用硅酸盐水泥熟料、硫酸铝渣、硫铁矿渣(或水淬高炉矿渣、沸石)、石膏共同粉磨而成。硫酸铝渣是用铝矾土生产硫酸铝时产生的废渣,含有大量的活性二氧化硅;硫铁矿渣是用硫铁矿生产硫酸时产生的废渣,含有活性 $\gamma-Fe$、Fe_2O_3 等。用硫酸铝渣和硫铁矿渣作混合材生产复合水泥,可改善水泥的性能,节约熟料,降低成本,提高产量,具有很好的社会效益和经济效益
【主权项】	新型复合硅酸盐水泥,其特征是由硅酸盐水泥熟料、硫酸铝渣、硫铁矿渣与石膏组成,其重量百分配比范围为:硅酸盐水泥熟料46% ~ 87%,硫酸铝渣5% ~25%,硫铁矿渣5% ~25%,石膏3% ~5%。石膏为 SO_3 含量大于30%的天然二水石膏或磷石膏、氟石膏,水泥细度要求80μm 方孔筛筛余不超过10.0%,或勃氏比表面积大于300m²/kg

E.23 沸腾炉渣的综合利用方法

【申请号】	CN98102868.3	【申请日】	1998 - 07 - 16
【公开号】	CN1242344	【公开日】	2000 - 01 - 26
【申请人】	北京门头沟北方建材厂	【地址】	102301 北京市门头沟区王平地区办事处河北村
【发明人】	李栋		
【摘要】	本发明是沸腾炉渣的综合利用方法,系将沸腾炉渣粉用作混凝土掺合料以取代混凝土中的部分水泥,可视水泥和混凝土的种类,取代水泥的量为25% ~50%;同时沸腾炉渣可用于生产水泥的混合料和湿碾混凝土。本发明是沸腾炉渣的一种很好的综合利用方法,无论是社会效益,或是经济效益都非常显著,具有很好的推广利用价值		
【主权项】	一种沸腾炉渣的综合利用方法,其特征在于粒径为 3 ~ 12mm、$SO_3 \leq$ 2%、含水量≤1%、28d抗压强度达到设计强度等级的65%以上的沸腾炉渣按通常方法用作水泥的混合料和湿碾混凝土,沸腾炉渣经研磨成细度(0.045mm 方孔筛筛余)≤12%、含水率≤1%、需水量比≤105%、烧失量≤3%、$SO_3 \leq$2%、火山灰活性合格的沸腾炉渣粉加入到由水泥、水、砂、石构成的混凝土中,等量替代部分水泥,视水泥和混凝土种类,沸腾炉渣粉取代水泥的限量为25% ~50%		

E.24 流化床煤矸石沸腾炉渣代替传统工程细集料配制建筑砂浆的应用

【申请号】	CN03117157.5	【申请日】	2003 – 01 – 14
【公开号】	CN1517319	【公开日】	2004 – 08 – 04
【申请人】	杨松；沈康世；综合开发分公司	【地址】	617066 四川省攀枝花市西区陶家渡攀煤房产公司
【发明人】	杨松；沈康世		
【摘要】	本发明公开了一种利用流化床煤矸石沸腾炉渣（灰）来代替传统工程细集料，包括天然砂和人工砂，在建筑工程中配制建筑砂浆的应用，流化床煤矸石沸腾炉渣（灰）作掺合料代替传统工程细集料的比例为20%～100%，与水泥、石灰膏的重量配比为：2.5～13:1:0.2～1.1，本发明解决了长期以来，流化床煤矸石沸腾炉渣（灰）给环境带来的污染问题，且质量稳定，成本低，在满足工程规范要求的条件下，打破了人们传统观念的禁区，为工业废渣的综合利用开辟了一条新路		
【主权项】	流化床煤矸石沸腾炉渣代替传统工程细集料配制建筑砂浆的应用，其特征在于：流化床煤矸石沸腾炉渣（灰）配制建筑砂浆代替传统工程细集料的比例为20%～100%		

E.25 煤矸石全面无废利用法

【申请号】	CN93118965.9	【申请日】	1993 – 10 – 17
【公开号】	CN1098669	【公开日】	1995 – 02 – 15
【申请人】	钟显亮	【地址】	123000 辽宁省阜新市阜新矿业学院
【发明人】	钟显亮；刘燕；钟音；朱忆鲁；魏丽梅；叶力		
【摘要】	煤矸石全面无废利用法为统一全面利用煤矸石中的能量和成分的方法，其产品为煤气、水泥熟料和免烧砖原料，适用于大小矿厂处理煤矸石，使它不再占用土地，不再污染大气和地下水，有巨大的经济效益和环境效益。它技术较简单，易实施，投资在几年内即可收回，设施可重复使用。它是目前利用煤矸石的最佳方法		

【主权项】	煤矸石全面无废利用法是将煤矸石中的能量和组分统一、全面地加工利用的方法，其特征为：a. 制取煤气（CO 为主）与煅烧建材原料在同一设施中进行；b. 煅烧窑外设矸石堆，矸石堆外架设隔气密封罩；c. 设施底部有四个供气口，由各自的气泵控制压力（供气量或排气量）供气种类及温度；d. 由隔气密封罩向煅烧窑，有四个环状供气带，它们分别来自各供气口的气体供给设施需气的部位；e. 设施的顶部设排气口，它由自己的气泵控制负压大小；f. 煅烧窑壁由个字形孔耐火砖砌成，煤矸石要改善透气性的部位亦用此种砌块

E.26　煤矸石工业废渣用激发剂及其制备方法

【申请号】	CN200310108987.0	【申请日】	2003 – 12 – 01
【公开号】	CN1546413	【公开日】	2004 – 11 – 17
【申请人】	同济大学	【地址】	200092 上海市四平路 1239 号
【发明人】	王培铭；蒋正武；孙振平		
【摘要】	本发明为一种煤矸石工业废渣用激发剂，由碱激发组分（A）、碱凝胶组分（B）、调凝组分（C）按适当的重量比例混合而成。该激发剂可以在煤矸石煅烧前掺入，也可以在煤矸石煅烧后掺入。其加入量比较小，即具有良好的激发效果，使得煤矸石的潜在活性得到充分发挥。经该激发剂激发的煤矸石可以广泛用于各类水泥基建筑材料		
【主权项】	一种煤矸石工业废渣用激发剂，其特征在于为包含有下列组分的混合料：成分 A：占混合物重量的 40% ~70% 的碱激发成分；成分 B：占混合物重量的 25% ~60% 的碱凝胶组分；成分 C：占混合物重量的 0% ~10% 的调凝组分；成分 A、B、C 的百分数总和为 100%		

E.27　用作混凝土细掺料的煅烧煤矸石微粉生产工艺技术

【申请号】	CN200510105205.7	【申请日】	2005 – 09 – 26
【公开号】	CN1939863	【公开日】	2007 – 04 – 04
【申请人】	严哲明；王炤	【地址】	310002 浙江省杭州市上城区直箭道巷 15 – 1 – 102

【发明人】	严哲明；王炟
【摘要】	一种用作混凝土细掺料的煅烧煤矸石微粉生产工艺技术，属水泥混凝土技术领域。本发明用于解决活性煅烧煤矸石微粉的生产工艺技术。解决问题采用的技术方案为：煅烧煤矸石的温度控制及增钙技术；煅烧煤矸石的物理力学激发及外加剂化学激发生产工艺技术。通过该技术方案，激发其潜在的水硬活性，达到混凝土矿物外加剂材性指标，制成混凝土细掺料，等量替代 20% ~ 30% 的水泥。采用本发明建成的中试生产线已于 2005 年 5 月投产，煅烧煤矸石微粉已试用于当地商品混凝土。因此本发明具备可实施性
【主权项】	权利要求书：一种用作混凝土细掺料的煅烧煤矸石微粉生产工艺技术，其特征是，采用煅烧激活、物理力学激活、外加剂化学激活的生产工艺技术

E.28　煅烧煤矸石的色变与活化技术

【申请号】	CN97110645.2	【申请日】	1997 – 05 – 01
【公开号】	CN1198416	【公开日】	1998 – 11 – 11
【申请人】	张相红	【地址】	471000 河南省洛阳市 王城路八号市科委徐庆梅转
【发明人】	张相红		

【摘要】	本发明涉及工业废渣——煤矸石的综合利用技术领域。在 600 ~ 900℃下煅烧（含自燃）的煤矸石经加入改良剂改性处理后，其颜色及活性适用于水泥、墙体材料等行业。经处理后的煤矸石用作水泥混合材料时，其掺加量不低于 30%，水泥标号为 325#、425#，且水泥的颜色正常，为大批量地利用煤矸石找到了有效的途径，由于其具有对窑型要求简单、煅烧温度低、煤矸石种类广、处理方法简便的优点，因而可大大降低水泥的成本，具有较好的经济效益和社会效益
【主权项】	一种煅烧煤矸石的色变与活化技术，其特征在于：①将煤矸石在窑中经 600 ~ 900℃煅烧，烧至无黑心；②在烧成的煤矸石上撒上一定厚度的矿渣，并压实；③通过管道向煤矸石中缓慢地加入含有减少剂的改良剂，对煤矸石进行改性处理

E. 29 煤矸石混合水泥

【申请号】	CN93112179.5	【申请日】	1993 – 09 – 29
【公开号】	CN1101017	【公开日】	1995 – 04 – 05
【申请人】	山东矿业学院	【地址】	271019 山东省泰安市 岱宗大街 48 号
【发明人】	张仁水		
【摘要】	一种煤矸石混合水泥，其特征在于采用 20% ~40% 的煤矸石，0% ~18% 的矿渣，0% ~18% 的粉煤灰，30% ~50% 的硅酸盐水泥熟料，其余为激活剂共同磨细制成。生产中如无熟料，则可用硅酸盐水泥或普通硅酸盐水泥"等活性取代"。本发明能提高水泥中煤矸石用量，降低熟料用量与生产能耗，促进工业废渣的利用，特别是煤矸石的利用，从而获得了较高的环境效益、经济效益和综合社会效益		
【主权项】	一种煤矸石混合水泥，其特征在于采用 20% ~40% 的煤矸石，0% ~18% 的矿渣，0% ~18% 的粉煤灰，30% ~50% 的硅酸盐水泥熟料，其余为激活剂共同磨细制成		

E. 30 煅烧煤矸石制取活性水泥混合材的方法

【申请号】	CN99116448.2	【申请日】	1999 – 04 – 23
【公开号】	CN1236748	【公开日】	1999 – 12 – 01
【申请人】	潘光华	【地址】	350101 福建省福州市西郊 桐口省高级技工学校机电实习厂
【发明人】	潘光华		
【摘要】	本发明为一种煅烧煤矸石制取活性水泥混合材的方法。其特征在于，煤矸石的煅烧放在窑炉（简易窑炉）内进行，煅烧温度在 850 ~1150℃，煅烧过程处于氧化气氛		
【主权项】	一种煅烧煤矸石制取活性水泥混合材的方法。其特征在于：用窑炉煅烧煤矸石，煅烧温度控制在 850 ~1150℃，煅烧过程处于氧化气氛		

E. 31　锂渣硅酸盐水泥

【申请号】	CN94108695. X	【申请日】	1994－09－16
【公开号】	CN1103631	【公开日】	1995－06－14
【申请人】	新疆锂盐厂； 北京矿冶研究总院	【地址】	830006 新疆维吾尔自治区 乌鲁木齐市仓房沟路 54 号
【发明人】	成先红；汪靖；贾凤游；王自琴；费文斌		
【摘要】	本发明是一种利用锂渣为主要原料而制成的锂渣硅酸盐水泥及其生产方法，由以下原料构成：①锂渣为 20.00%～70.00%，②硅酸盐水泥熟料为余量；其生产方法按以下步骤进行：a. 先将锂渣进行均化即进行搅拌，然后在 780～820℃温度下进行烘干，水分含量小于 2.00% 为止；b. 将 a 步骤处理后的锂渣与硅酸盐水泥熟料按所需比例进行球磨后，就得到锂渣硅酸盐水泥。本发明不但将锂渣变废为宝，而且其各项指标均达到 GB 1344—92 国标，成为水泥新品种		
【主权项】	一种锂渣硅酸盐水泥，其特征在于由以下原料构成：①锂渣为 20.00%～70.00%；②硅酸盐水泥熟料为余量		

E. 32　一种锂渣混凝土

【申请号】	CN99114694. 8	【申请日】	1999－03－05
【公开号】	CN1226530	【公开日】	1999－08－25
【申请人】	张文权； 刘成基；胡平	【地址】	629200 四川省射洪县 虹桥路电力大厦
【发明人】	胡平；张文权；刘成基		
【摘要】	本发明公开了一种锂渣混凝土，该混凝土是在浇筑时，将锂渣作为掺合料掺入其中，其锂渣既可以单独掺入，又可以与粉煤灰联合掺入。该锂渣混凝土不仅使锂渣变废为宝，而且提高了混凝土的强度，明显改善了混凝土的抗冲磨、耐久性能等技术指标。同时还节约了水泥，降低了工程造价，有较好的经济效益和社会效益		
【主权项】	一种锂渣混凝土，其特征是在浇筑混凝上时在拌合过程中掺入锂渣，其锂渣既可以单独掺入，又可以与粉煤灰联掺；单独掺入时，锂渣的掺入量占混凝土胶凝材料总重量的 15%～40%；联掺时，锂渣的掺入量占混凝土胶凝材料总重量的 15%～20%，粉煤灰的掺入量为 15%～25%		

附录 F 水泥混合材料测定的相关问题及检测方法

鉴于我国通用硅酸盐水泥中的混合材料使用的乱象，在 2007 版 GB 175《通用硅酸盐水泥》标准中，增加了混合材料的测定条款。

由于该标准仅给出了混合材料检测的原则性规定，这里将从水泥组分的作用、进行测定的性质、国际先进国家的规定以及测试方法的选择等方面进行介绍，并给出建议。

一、规定水泥组分的作用

水泥组分具有如下作用：

1. 水泥分类的作用。在大的层次上，我国水泥产品分类是按用途（如油井水泥、道路水泥、通用水泥等）和矿物组成（如硅酸盐水泥、铝酸盐水泥、硫铝酸盐水泥等）进行分类，但对于通用硅酸盐水泥而言，水泥的分类则是通过组分的规定来分类。

2. 水泥性能控制作用。由于混合材种类的不同、混合材掺量的不同，水泥的性能会有所差别，因此我国的六大通用水泥标准在水泥品种的定义中对水泥的组分进行了详细、明确的规定，以方便用户根据不同的使用条件确定购买水泥的品种。

3. 水泥耐久性的保证。由于水泥耐久性检测周期、费用等原因，各国水泥的耐久性是通过水泥组分的规定来保证的。因此，水泥组分是水泥品种的界定条件，水泥性能的控制条件和耐久性的保证条件。

然而由于种种原因，我国某些水泥企业存在混合材乱用的现象。具体表现为多掺和乱掺，根据调研结果，在普通 32.5 水泥中混合材的总掺量有的单位达到 48%，平均 28%，而掺加的混合材种类除了通用水泥标准规定的几种外，还掺加其他不允许的混合材。这些行为虽然不会造成水泥性能的急剧恶化，但存在弄虚作假的嫌疑，违反了《质量法》的货真价实的原则；同时混合材的乱用，可能会将对人体有害的物质引入水泥中，危及人体健康。

因此必须对水泥组分进行某种形式的检测工作，使水泥生产企业诚信生产，组分符合标准的规定，保证水泥质量和性能。

二、组分测定的性质

1. 组分测定不是为合格判定提供依据

混合材的使用使得硅酸盐水泥的性能更加广泛，可以适应更多的工程需要，为了充分利用这些性能我们才按性能特点划分为若干个品种；同时，水泥性能的特点除与混合材的品种、成分和掺量有关外，还与水泥熟料、粉磨工艺、外加剂等有关，其在标准中的性质和地位与强度、安定性等性能指标是有区别的，应该不同对待，不需逐批进行检验和判定。结合水泥使用中的实际情况，不宜将混合材超标作为水泥合格与否的判定依据。但为了保证混凝土的配合比设计，获得足够的工作性和耐久性，水泥企业应严格控制、检测，向用户提供水泥中的混合材种类和掺量。

2. 组分测定应为生产控制、质量保证行为

在取消组分超标作为合格判定的依据之后，组分测定对于水泥企业来讲，就变为一个纯粹的生产控制、质量保证行为。一是在生产水泥时严格按照标准的规定使用混合材和掺加混合材，同时在确定水泥品种、质量之后，严格控制混合材的掺量以保证所生产水泥质量的稳定。

三、国际先进国家对水泥组分测定的处理

在调研了国际上先进国家的标准后，国际上先进国家关于组分测定处理情况大概如下：

1. 各国都没有明确规定采用统一的组分检测方法，而是由企业或用户选择适宜的方法。即使有组分测定方法的欧洲也没有明确规定采用已有的标准方法，这表明采用一个方法在大范围准确测定水泥组分存在不足；

2. 大多都要求生产者按标准的规定进行混合材的使用和掺加，同时应进行对生产过程中的混合材掺量进行校核、检测；

3. 有必要时明示混合材的种类和掺量。

四、我国历来对水泥企业进行混合材测定的规定

水泥企业对自己所用的石膏、混合材等水泥组成材料的化学成分和物理特征了如指掌，因此水泥企业能够比较精确地测定自己产品中混合材的品种和掺量，在计划经济时代行业主管部门是这么要求的，水泥企业也就是这么做的，因此水泥企业对混合材的测定不是一件新事。请看——

1979 年 3 月由建材部计划司发布的《水泥工业主要统计指标计算方法》第 14 条规定计算每吨水泥的混合材消耗量方法，除要求按全部水泥计算外，还要按不同品种、标号分别计算……大中型企业要按月上报建材部；

1983 年发布的《大中型水泥企业质量管理规程》第 22 条 "……入磨物料的配比要有计量测试手段，禁止使用盘库结果反推倒算的方法代替日常的计量控制……"；

1989 年该规程修订后改为《旋窑水泥企业质量管理规程》，其第 27 条 "……熟料和各种混合材料的配比要有计量测试手段。禁止使用盘库结果倒算法代替日常的计量控制。……出磨水泥质量波动范围……混合材掺加量 ±2%（每班至少检测 1 ~ 2 次），合格率大于 60%"；

1996 年上述规程修改为《水泥企业质量管理规程》，在过程质量控制指标一览表中第 7 项，"出磨水泥" 要求中，混合材掺入量指标为 "K ±2.0%，合格率≮80%，频次为 4h 一次"；

2002 年修订后，合格率改为≮85%，增加取样方式连续或瞬间。但此时的规程对水泥企业已没有强制作用，而且也没有替代的管理手段。

以上说明水泥企业生产控制和计量测试本厂水泥中混合材并不是难事。

五、组分测定方法应能解决的问题

按照我国的 GB 175—1999、GB 1344—1999 标准，只有矿渣、粉煤灰、火山灰、石灰石、旋窑窑灰等混合材可以掺入，按照 GB 12595 标准，只有粒化铬铁渣、高炉钛矿渣、增

钙液态渣、铬铁渣可以掺入，而现实中使用的混合材远不止这些种类。即使在 GB 175—2007 颁布实施后，个别企业也不仅限于此。同时在掺量上，根据调研结果，在普通 32.5 水泥中混合材的总掺量有的单位达到 48%，平均 28%。

因此，根据我国水泥产品标准对水泥组分的规定以及目前混合材应用的实际情况，水泥组分测定方法应能解决如下问题：

（1）准确测定水泥中的混合材含量，以遏制混合材的超标掺加。

（2）准确判定水泥中的混合材种类，以遏制混合材的胡乱掺加。

六、GB 175 关于水泥组分的测定原则

由于混合材料的种类繁多，性质不同，采用固定的方法难以实现水泥组分的准确测定，同时更难以实现水泥组分的判定。因此，要实现水泥组分量和质的准确测定和判定，只有水泥生产企业自己选择制定方法可以实现。因此，我国 GB 175—2007 规定：

1. 为了规范混合材的使用，保证水泥的质量和性能，水泥生产企业必须进行混合材的校准和检测，检测频率至少每月进行一次。

2. 组分测定方法由水泥企业自选，应采用适当的生产程序和适宜的验证方法进行验证所选方法的可靠性，并将经验证的方法形成企业标准，便于社会的监督、检查。

3. 在试验报告中和包装袋上给出/标明混合材种类以及掺量，便于用户的使用，同时起到一个监督作用。

——以上内容摘改自 GB 175《通用硅酸盐水泥》标准修订研究报告

七、水泥组分测定方法

（一）方法的普遍性原理

无论采用何种测定方法，其依据的原理就是水泥混合材料与水泥熟料的差异，无论是化学组成上的，还是物理性质上的。根据它们的差异特征，联立方程进行水泥组分的求解。

（二）测定方法的选择

（摘自：曹文奎，水泥中混合材掺量测定方法的选择，水泥，2005 年 2 期）

文中介绍了不同的测定方法以及适宜测定对象，这些方法包括：

1. CaO 法，可以采用钙铁仪法、X 荧光分析法、EDTA 络合滴定法等化学分析方法测定不同物料的 CaO，联立方程求解。可用于测定石煤渣、矿渣、钢渣、粉煤灰等 CaO 与熟料、石膏相差较大的品种。

2. 耗酸值法，用于测定不易被酸溶解的火山灰质材料，精度在 0.2% 以内。

3. 还原值法，用于测定含有大量还原物质的矿渣、钢渣和铁合金渣。

4. 其他方法，包括密度法、烧失量法

这些方法都是建立在熟料、混合材的不同性质以及知道混合材种类的基础上，因此具有很高的精度。

（三）GB/T 12960《水泥组分的定量测定》

1. 原理

GB/T 12960《水泥组分的定量测定》对在水泥生产中常用的三类混合材料：矿渣、粉

煤灰或火山灰质混合材料、石灰石给出检测原理。

（1）火山灰质混合材料或粉煤灰

水泥试样用稀盐酸溶液选择溶解，火山灰质混合材或粉煤灰组分基本不溶解，而水泥熟料、石膏、其他组分则基本上被溶解。由选择溶解后的不熔渣计算出水泥中火山灰质混合材或粉煤灰的含量 P。

$$回转窑煅烧的熟料计算公式：P = 1.07 \times R_1 - 1.09 \qquad (1)$$
$$立窑煅烧的熟料计算公式：P = 1.08 \times R_1 - 1.84 \qquad (2)$$

（2）矿渣

水泥试样基本在酸度 pH 为 11.6 并含有配位剂 EDTA 的溶液选择溶解后，水泥熟料、石膏及碳酸盐基本上被溶解，而矿渣组分基本不溶解。由选择溶解后的不熔渣量，通过校正计算求出矿渣组分含量 S。

$$回转窑煅烧的熟料计算公式：S = 1.07 \times R_4 - P - 2.36 \qquad (3)$$
$$立窑煅烧的熟料计算公式：S = 1.09 \times R_4 - P - 4.15 \qquad (4)$$

（3）石灰石

石灰石的含量由二氧化碳的含量而定。方法采用氢氧化钾—乙醇滴定容量法。用磷酸分解试样，碳酸盐分解释放出的二氧化碳先由不含二氧化碳的气流带入硫酸铜洗气瓶，除去硫化氢，然后被乙二醇—乙二胺—乙醇溶液吸收，以百里酚酞为指示剂，用氢氧化钾—乙醇标准滴定溶液跟踪滴定，测得石灰石组分含量 D。

$$D = D_{CO_2} \times 2.274 - 1.00 \qquad (5)$$

2. GB/T 12960《水泥组分的定量测定》的缺陷

（摘自　宗习武，水泥组分的定量测定［J］，福建建材，2008 年第二期）

（1）虽然 GB/T 12960 标准经过多次的修改，但仍不够严密，无法达到全分析中 EDTA 络合滴定法的准确性。由于络合滴定法采用多种措施，借控制溶液酸度，使用不同的指示剂，以及采用掩蔽、解蔽、析出、差减等方法，来消除各种元素间相互干扰，可在不分离的情况下或经一次分离分别测定试样中的多种组分，准确、简便、快速。而水泥组分的定量测定只是在控制溶液酸度中选择溶解和不溶解的原理，通过校正计算求得组分含量。

（2）对于水泥中掺入的混合材种类无法做判定，即对送检的试样不能确定其中掺入哪几种混合材料，只能通过定量分析测定其已知掺入混合材的掺量。本标准较适宜用于水泥企业内部控制。

（3）本标准只适用于矿渣、火山灰质混合材、石灰石三大类混合材的测定，而对于水泥中掺入的其他工业废渣如钢渣、赤泥等检测适用如何不得而知；也没有其他方法对其进行检测，这是本标准的一个较大局限。

（4）由于矿渣组分的质量分数计算公式 $S = 1.07 \times R_4 - P - 2.36$，其粉煤灰或火山灰质混合材组分的准确性直接影响着矿渣组分含量的准确性，粉煤灰或火山灰质混合材测定含量偏高，矿渣组分的计算结果就偏低，反之亦然。

（四）利用化学组成差异联立方程法

（摘自：管青山，准确测定水泥中混合材的掺入量，吉林建材，2001 年第 1 期）

1. 基本原理

虽然各种混合材的化学组成相似，但不同品种混合材的化学成分（CaO、SiO_2 等）的比例却不相同，并有较大的差别。各品种水泥是由硅酸盐水泥熟料、相应品种的混合材料及适量的石膏磨细制成的水硬性胶凝材料。而各种材料的混合是一种纯物理方式的混合，没有改变各种材料本身所固有的性质利用普通的水泥化学分析方法来测定水泥的化学成分，其结果是各种材料混合后的综合成分。如果再已知各种材料的化学成分，根据它们之间的线性关系，便可求得各种材料的实际掺入量。

2. 方法设计

（1）选定工作参数

根据水泥中各种材料化学成分的具体情况，选取水泥中原材料的 CaO、SO_3 和酸不溶物作为主要的工作参数，具体情况参见试验方法参数设置表。

试验方法参数设置表

	熟料	混合材（1）	混合材（2）	石膏	水泥
CaO（%）	C_1	C_2	C_3	C_4	C
酸不溶物 g	B_1	B_2	B_3	B_4	B
SO_3（%）	S_1	S_2	S_3	S_4	S
构成成分	X_1	X_2	X_3	X_4	100

（2）测定公式

水泥是由水泥熟料、混合材和石膏等材料物理组合而成的，因此，各种成分之间具有良好的线性关系，可列出下列线性关系式。

本线性关系式按如下方式求解：

$$\begin{bmatrix} C_1 & C_2 & C_3 & C_4 \\ B_1 & B_2 & B_3 & B_4 \\ S_1 & S_2 & S_3 & S_4 \\ I & I & I & I \end{bmatrix} \times \begin{bmatrix} X_1 \\ X_2 \\ X_3 \\ X_4 \end{bmatrix} = \begin{bmatrix} C \\ B \\ S \\ I \end{bmatrix}$$

先将 C_1、B_1、S_1（其中 $i=1$、2、3、4）当成已知数在实验中可以直接测定进行求解，只求解 X_1、X_2 两个未知数的和即可。

分别合并 C、B、S 项，将 C_i、B_i、S_i 当成已知数进行整理，可得到如下形式的混合材掺加量：

$$X = X_1 + X_2$$
$$= K + C \times K_c + B \times K_b + S \times K_s$$

其中：K、K_c、K_b、K_s 是以 C_1、B_1、S_1 为参数的系数，而正负符号以实际计算值为准。

（该公式计算过程比较复杂，本人用 Excel 编制了应用计算公式，感兴趣的读者可与《吉林建材》李淑梅编辑联系。论文作者按）

（五）滴定值法测定水泥中的粉煤灰

（摘自：郑冠山，水泥中粉煤灰掺量的测定方法，粉煤灰，2001 年第二期）

1. 测定原理

煤粉灰与水泥熟料中氧化钙的含量差值较大，故能用 EDTA 络合滴定测定其含量。然而，粉煤灰与水泥熟料中的碳酸钙滴定值同样差值很大，但是两者碳酸钙滴定值的波动却很小，那么测定水泥中碳酸钙滴定值，以求得粉煤灰百分含量在理论上是可行的。通过反复试验，在相同的条件下进行熟料、粉煤灰、石膏和掺有粉煤灰的水泥碳酸钙滴定值的测定，从而根据滴定值的差异来求得粉煤灰水泥中粉煤灰的百分含量。

水泥中粉煤灰百分含量按下式计算：

$$F = \frac{(1 - A) \times B_{Tc} + A \times A_{Tc} - C_{Tc}}{B_{Tc} - D_{Tc}} \times 100$$

式中：F——水泥中粉煤灰的百分含量；

A——水泥中石膏的百分含量；

A_{Tc}、B_{Tc}、C_{Tc}、D_{Tc}——分别为石膏、熟料、水泥、粉煤灰的碳酸钙滴定值。

2. 操作步骤

称取 0.25g 水泥试样，精确到 0.0001g(熟料称取 0.1g，石膏和粉煤灰称取 0.25g 试样)置于干燥的锥形瓶中，用少量水使样品润湿，从滴定管中准确加入 $[C_{(HCl)} = 0.5\text{mol/L}]$ 盐酸标准溶液 15mL(熟料中过量 10mL，石膏和粉煤灰中过量 5mL)。用少量水冲洗瓶口和瓶壁，然后放在电炉上加热至沸（在加热过程中将锥形瓶摇荡 1~2 次，以促进试样分解完全），取下稍冷，用少量水冲洗瓶口，滴加 5~6 滴 10g/L 酚酞指示剂，用 $[C_{(NaOH)} = 0.25\text{mol/L}]$ 的氢氧化钠标准滴定溶液滴定至溶液呈微红色，在 0.5min 内不褪色为止，读取氢氧化钠标准滴定溶液消耗体积。

碳酸钙滴定值（碳酸钙在水泥中的百分含量）按下式计算：

$$T_{CaCO_3} = \frac{[C_{(HCl)} V_{(HCl)} - C_{(NaOH)} V_{(NaOH)}] \times 50}{m \times 1000} \times 100$$

式中：$C_{(HCl)}$、$C_{(NaOH)}$——分别为盐酸和氢氧化钠标准溶液的浓度，mol/L；

$V_{(HCl)}$、$V_{(NaOH)}$——加入盐酸和消耗氢氧化钠标准溶液的毫升数；

m——试样质量，g；

50——碳酸钙的摩尔质量，g/mol。

3. 实验证明，用滴定值法测得结果与配制的标准样比较绝对误差小于 0.30%，平均绝对误差为 0.18%。所以，能满足分析试验和生产控制的要求。